U0220955

有问必答：

石墨烯的魅力

刘忠范　等著

華東理工大學出版社
EAST CHINA UNIVERSITY OF SCIENCE AND TECHNOLOGY PRESS
·上海·

前言

石墨烯是当之无愧的“网红”材料，几乎到了家喻户晓、妇孺皆知的程度。随便到网上搜索一下，就会找到无数条关于石墨烯和石墨烯产品广告的信息，可谓铺天盖地。人们对石墨烯的关注早已超出学术界、溢出产业界。从这个意义上讲，石墨烯是“无与伦比”的。试想一下，还有哪种新材料能博得如此多的眼球呢?

令人眼花缭乱的信息和广告语言也给“石墨烯人”和“石墨烯迷”们带来诸多困扰。“中东开始害怕了，石油将被取代！石墨烯电池充电8分钟，能跑1000公里”“石墨烯黑科技，每天30分钟，修复岁月痕迹”“一张保鲜膜厚的石墨烯能撑起一头大象”，如此种种，把石墨烯吹得神乎其神。笔者经常接到的电话是，某地有丰富的石墨矿资源，希望合作生产石墨烯；某人利用新技术制备出“八十层厚的石墨烯”，希望共同推进应用产品开发，令人忍俊不禁、哭笑不得。很大程度上，人们对石墨烯的期待，已经超出了石墨烯的发展现状，甚至超出了石墨烯自身的潜力，给“石墨烯”和“石墨烯人”带来了不可承受之重。

那么，作为从事石墨烯研究工作的“圈内人”，我们是否应该做点什么呢？是否应该做些答疑解惑、去伪存真的事情呢？这就是写这本科普小书的初衷。想法很简单，但做起来并非易事。一则因为杂务繁多，很难抽出大块时间来。更重要的是，石墨烯涉及的应用领域非常广，所需的知识面很宽，仅凭一己之力很难在短时间内为之。跟圈内朋友们说起此事，没想到引起热烈反响，都表示愿意参与、有所贡献。看来大家还是有共识和共鸣的，应该为石墨烯的科普宣传做点事情，这体现了广大“石墨烯人”的担当精神。遭遇新冠疫情，少了很多出差和无谓的杂务，竟然把这个小小的愿望变成了现实，真可谓“坏事变好事了”。

从 2004 年 10 月石墨烯的第一篇热点文章问世至今，已经过了近 16 个年头，人们对石墨烯的认识在不断深入。随着各类石墨烯应用产品的陆续涌现和用户的亲身体验，人们对石墨烯的盲目崇拜也逐渐趋于冷静。也就是说，这个时候推出这部科普小书，对石墨烯材料和石墨烯产品有所梳理、有所判断、有所鉴别，应当是正当其时，不早不晚。人们常说，写专业书易、写科普书难，把一个晦涩难懂的科学问题用通俗的语言表达出来、让没有相关知识背景的读者理解，是需要下一番真功夫的。对石墨烯来说，很多应用产品还在探索之中，有些现象在原理上还说不清，甚至存在很多互相矛盾的说法。本书编写的一个基本原则是，尽量从原理出发科学地说事儿，明白多少说多少，能说多少说多少，尽可能做到实事求是、不偏不倚、客观中立。

本书共收集了 163 个有关石墨烯的常见问题，邀请了 40 余位业内专家作以简明扼要的解答。为便于理解和查阅，全书分为入门篇、性质篇、制备篇、应用篇和未来篇五个部分，并配有精美的手绘插图。收集人们感兴趣的石墨烯相关问题是第一步，也是极为重要的一步，从 2017 年 6 月策划开始，前后花了一年多的时间，其间得到了中关村石墨烯产业联盟、北京大学纳米化学研究中心、北京石墨烯研究院以及广大“石墨烯迷”们的大力支持。我们对收集到的数百条信息进行了认真梳理，最后整理出163个常见问题，陈珂、孟艳芳、黄言在问题收集和初筛过程中付出了不少心血。每个条目的执笔人都展示了高度的责任感和专业水准，并且能够在规定的时间内完成作业，确保本书得以如期成稿。为保证每个条目内容的科学性、准确性、科普性以及写作风格的一致性，全书由笔者进行统稿和深加工，并且在征得执笔人同意的前提下，对内容进行了适当的增删。书中插图由刘梦溪和孟艳芳设计完成，两位虽然都是“业余漫画家”，但显示出极高的绘图水平，堪称“达人”。

在新冠疫情阴云渐散、神州大地生机复现之际，本书得以定稿付梓。借此机会，对所有参与本书创作的同行和朋友们致以真诚的感谢和崇高的敬意。这本科普小书得到了华东理工大学出版社的特别重视，在编辑加工和版式设计上付出了特殊的心血，一并表示感谢。

希望这本科普小书能够获得广大“石墨烯迷”们的喜爱，助力大家了解、理解石墨烯新材料和石墨烯产品。由于水平所限，书中难免存在诸多不足，恳请广大读者批评指正。

2020年8月于墨园

目录

第一部分 入门篇 I

第二部分 性质篇 II

第三部分 制备篇

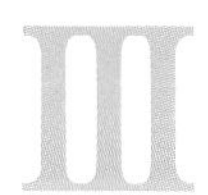

第五部分 未来篇 V

I

有问必答：

石墨烯的魅力

第一部分

入门篇

1

什么是石墨烯？

简单地讲，石墨烯就是单层的石墨片，是一种由单层碳原子构成的纯碳材料。石墨烯中的碳原子通过共价键连接起来，形成六角蜂巢状平面结构，碳 - 碳原子间距（称为键长）为 0.142nm。从结构上看，石墨烯也可以看成是由无数个苯环连接而成的巨大的稠环芳烃，是一种典型的二维晶体材料。石墨烯这个词来自英文“graphene”，是由 graphite（石墨）和 ene（烯类词尾）组合而成的名词。早期石墨烯这个词并没有“材料”的意思，仅仅作为描述石墨、富勒烯和碳纳米管的基本结构单元使用。例如，石墨是由石墨烯即单层石墨片通过范德瓦耳斯力层层堆叠而成的纯碳材料，碳纳米管是由石墨烯卷曲而成的一维管状材料等。实际上，传统理论认为，石墨烯仅仅是一个理论上的结构，不会实际存在，因此早年人们对石墨烯这种材料的存在并未抱有太大的期望。

执笔人
刘忠范

2

石墨烯是 2004 年发现的，这种说法对吗？

执笔人
刘忠范

2004 年 10 月 22 日，安德烈 · 海姆（Andre K. Geim）和他的弟子康斯坦丁 · 诺沃肖洛夫（Konstantin S. Novoselov）在美国《科学》（*Science*）期刊上发表了题为《原子层厚度碳膜的电场效应》论文，指出几个原子层厚的单晶石墨薄膜在大气环境下稳定存在并显示出独特的电学特性。这种现在被称为石墨烯的新型二维碳材料制备方法非常简单，竟然是用普通胶带从石墨表面撕下来的。正因如此，这种制备方法立即被世界各地的研究组所采用，继而掀起了全球范围内的石墨烯研究热潮。2010 年 10 月 5 日，诺贝尔物理学奖授予了安德烈 · 海姆和康斯坦丁 · 诺沃肖洛夫，奖励他们对石墨烯的开拓性研究。但是，细心的读者会发现，获奖理由并未使用“发现”意味的字眼。这是因为，石墨烯究竟是谁发现的这一问题还存在争议，而且也不能简单地说是在 2004 年发现的。

3

石墨烯是安德烈·海姆和康斯坦丁·诺沃肖洛夫发现的吗？

执笔人
刘忠范

关于石墨烯的前期研究积淀很多，由来已久，时间跨度近六十年。石墨烯研究是理论先行，早在1947年，物理学家 Philip R. Wallace 就计算出了单层石墨片的电子结构。1986年，H. P. Boehm 等首先对石墨烯（graphcne）这个术语给出了定义；1997年，国际纯粹与应用化学联合会（IUPAC）明确了“石墨烯（graphene）”的内涵。石墨烯的发现与实验科学家们的努力是密不可分的。早期的研究有三条轨迹可循：第一条轨迹是关于氧化石墨的研究，可以追溯到1840年德国科学家 Schafhaeutl 等人使用硫酸和硝酸插层剥离石墨的工作，后来有大量的研究跟进，直至今天，这种方法已经成为粉体石墨烯规模化制备的主要手段之一。第二条轨迹是高温生长研究，至少可以追溯到1970年 J. M. Blakely 等人有关 Ni（100）表面上碳原子的偏析行为研究。五年后，A. J. Van Bommel 等人通过 SiC（0001）

高温外延方法获得了单层石墨片，这两种实验方法都已成为今天高温生长石墨烯薄膜的典型手段。在这里不得不提佐治亚理工学院 Walter de Heer 的贡献，他在碳化硅表面外延生长石墨烯薄膜及其电学性质研究方面做了大量的开拓性工作。第三条轨迹可以说是无心插柳的工作，早在 20 世纪 60 年代，人们在研究铂等贵金属表面气体吸附等行为时，在低能电子衍射实验中就发现了少层甚至单层石墨的存在证据。其实，从石墨出发的机械剥离方法也不是安德烈 · 海姆团队的首创，这种实验尝试始于 20 世纪 90 年代末，美国科学家 Rodney Ruoff 是其中代表性的人物之一，他们采用的是微机械摩擦方法，但没有取得最后的成功。但是，必须指出的是，安德烈 · 海姆团队发明的胶带剥离法简单可重复，应该说这是实验室制备真正的石墨烯样品的关键突破，从而引发了风靡全球的石墨烯研究热潮。

4

石墨烯是『烯』吗？

在有机化学里，“烯”指的是含有碳碳双键（$C=C$）的化合物，例如常见的乙烯（$CH_2=CH_2$）。根据国际纯粹与应用化学联合会（IUPAC）制定的有机化合物命名规则，“烯”在英文中以“-ene”结尾。中文的“石墨烯”翻译自英文“graphene”，以石墨的英文“graphite”前半部分加上后缀“-ene”结合而成。为便于理解，人们把石墨烯表示为由碳碳单键和碳碳双键交替构成的六方蜂窝状单原子层晶体结构。但事实上，石墨烯的结构中并不存在碳碳双键，所有碳原子的未成对电子会离域形成大Π键。与此类似的是对芳香烃结构的描述，人们常常会将苯环表示成六个碳原子以单键和双键交替而成的六元环结构，其实苯环中六个碳原子的2p轨道上的未成对电子会形成离域的大Π键。因此，严格意义上讲，石墨烯并不是“烯”，在结构上更加类似于有机化合物中的稠环芳烃。从另一个角度讲，石墨烯是从石墨剥离出来的，石墨是无机物，石墨烯也应属于无机物。而“烯”是有机物中的概念，自然石墨烯就不是“烯”了。

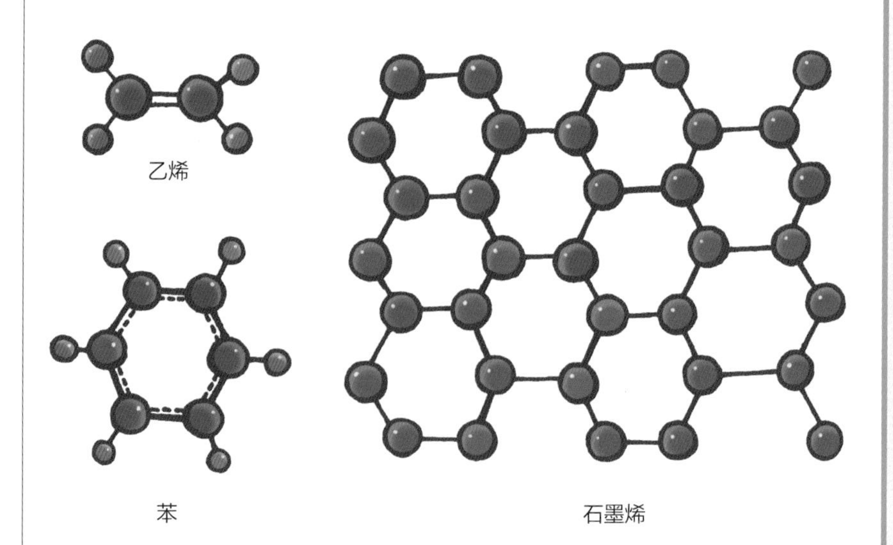

执笔人
邓　兵

5 石墨烯与石墨有关系吗？

石墨是生活中常见的一种材料，例如我们常用的铅笔的笔芯就是由石墨和黏土制作而成。石墨是一种碳的同素异形体，在石墨晶体中，同层碳原子间以 sp^2 杂化形成共价键，每个碳原子与另外三个碳原子相连，六个碳原子在同一平面上形成正六边形的环状结构，此环状结构面内向外伸展形成石墨的片层结构。石墨片层之间的作用力是微弱的范德瓦耳斯力，因此石墨层间很容易滑动。石墨烯是单原子层厚度的石墨。如果将石墨不断地减薄，当减至只剩一个原子层时即可得到石墨烯。事实上，诺贝尔物理学奖获得者安德烈·海姆和康斯坦丁·诺沃肖洛夫首次制备得到高质量的单层石墨烯，就是采用机械剥离石墨的方法实现的。反之，如果将单层的石墨烯按照一定的方式周期性地堆积起来即可得到石墨。因此，石墨烯和石墨是密切相关的。如果我们把石墨烯当作砖块，那么石墨就是用砖块搭起来的房子。

执笔人
邓　兵

6

石墨烯与石墨矿有什么关系？

石墨矿最常见于大理岩、片岩或片麻岩中，是有机碳质或碳质沉积岩在地壳高温高压下变质而成。除了石墨，石墨矿中还有众多的氧化物杂质，例如氧化硅、氧化铝、氧化铁等。天然产出的石墨矿需要经过浮选，酸碱处理等一系列的提纯工艺才可以得到纯净的石墨。石墨烯的制备有“自下而上”和“自上而下”的方法。其中“自上而下”的制备方法就是以石墨为原料，采用机械剥离、液相剪切或氧化再还原等方法得到单层或者少层的石墨，也就是石墨烯。需要强调的是，石墨矿并不直接出产石墨烯，石墨矿出产的石墨需要经过复杂的后续加工过程，才能得到石墨烯材料。值得一提的是，我国的石墨矿储量非常丰富。根据美国地质调查局数据，2019 年全球天然石墨探明储量约为 3 亿吨，其中中国 7300 万吨，占 24%，排名第三，这为包括制备石墨烯在内的石墨的综合利用提供了坚实的基础。

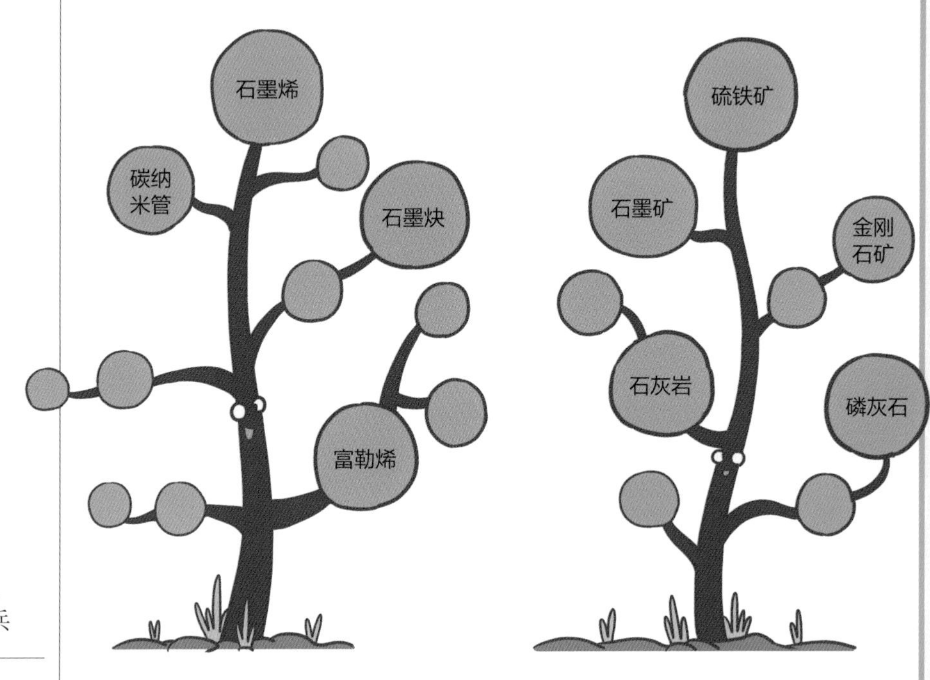

执笔人
邓　兵

7

石墨烯究竟有多薄？

石墨烯是已知的世界上最薄的材料，只有单个碳原子层厚度，其厚度为 0.335 nm。换言之，如果想要达到 1 mm 的厚度则需要将约 300 万张石墨烯叠起来，或者说把约 20 万片石墨烯叠在一起方可达到头发丝直径的厚度。正是因为石墨烯这么薄，所以怎么“看到”石墨烯是一个重要的问题。人们通常需要采用极高分辨率的表征手段才可以测量石墨烯的厚度，例如原子力显微镜或者扫描隧道显微镜。虽然如此，利用石墨烯的一些特殊性质，人们用肉眼也可以“看到”单层厚度的石墨烯。例如将石墨烯放到一定厚度氧化层的硅片上，由于干涉效应，我们可以明显区分石墨烯与基底。超薄的石墨烯使其具有高达 97.7% 的优异透光性，这也是其能应用于透明导电薄膜的基础。

薄如万分之一蝉翼

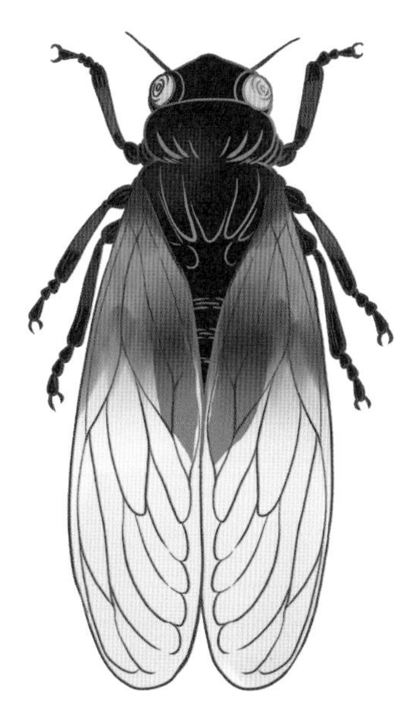

蝉翼厚度
3 μm

单层石墨烯厚度
0.0003 μm

执笔人
邓　兵

8

十层以内的石墨片是石墨烯，十层以上是石墨，这种说法对吗？

执笔人
刘忠范

严格意义上讲，只有单层石墨片才能称为石墨烯。由于历史原因以及标准制定与石墨烯产业快速发展的严重脱节，导致石墨烯领域同时存在很多混乱的说法，其中包括单层石墨烯（single layer graphene）、双层石墨烯（bilayer graphene）、少层石墨烯（few layer graphene）乃至多层石墨烯（multilayer graphene）等。理论上讲，把单层石墨片一层一层地按能量上最稳定的方式堆垛起来，最后得到的肯定是大家所熟知的石墨。在这一逐层堆垛过程中，石墨烯的能带结构和电子性质会发生变化，大约在十层左右以后就完全表现为石墨的性质了。单层石墨烯，也就是严格意义上的石墨烯是零带隙的半导体材料，通常人们所说的石墨烯材料的卓越性质指的都是单层石墨烯的性质。双层石墨烯也是零带隙的半导体材料，依层间堆垛方式不同，又细分为AB堆垛双层石墨烯和扭转双层石墨烯，层间扭转角度不同，其能带结构和性质也有所不同。三层以上的能带结构就更趋复杂了。因此，不能泛泛讨论石墨烯的性质，其很多性质都与层数有关系。在这个前提下，目前石墨烯领域的一个不成文的共识是，十层以下的薄层石墨片可以笼统地称为石墨烯材料，更厚的就是传统的石墨材料了。

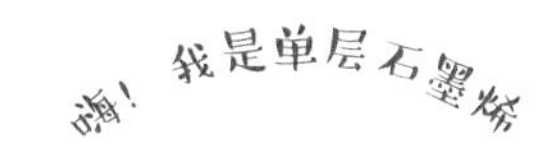
嗨！我是单层石墨烯

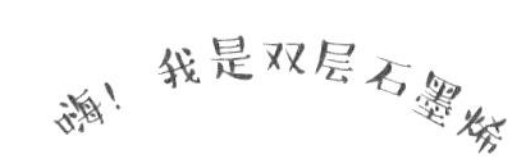
嗨！我是双层石墨烯

嗨！我是 10000 层石墨烯

切！你是石墨啦！！！

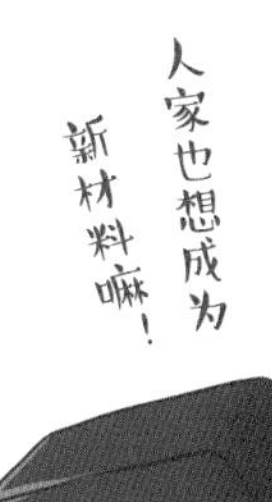
人家也想成为新材料嘛！

9

用铅笔在纸上写字，能写出石墨烯来吗？

铅笔的笔芯是用石墨和黏土按一定比例混合制作而成的。石墨是层状材料，由一层一层的石墨烯片有序地堆积而成。由于石墨烯层间的相互作用为较弱的范德瓦耳斯力，因此很容易发生剥离，写到纸上就形成了肉眼可见的文字。当然，这些文字都是由很厚的石墨片和黏土的混合物组成的。显而易见，用力越大，写出来的字就越粗，石墨片的含量也就越多，自然字迹就越黑；反之，用力越轻，字迹就越淡，石墨片的含量和层数也就越少了。至于能否写出石墨烯来，取决于两个因素，一个是铅笔芯中是否有在黏土中高度分散的单层石墨烯存在；另一个是用力是否足够轻，使得从厚石墨片中剥落下来的只有一层石墨烯。不论哪种情况，在技术上都属于高难度动作，可能性不太大，而且，即便是有这样的单层石墨烯存在，估计字也就看不见了。

执笔人
亓　月

10

白石墨烯是变白的石墨烯吗？

白石墨烯和石墨烯是两种成分截然不同的物质，尽管名字很相似。白石墨烯是六方氮化硼（h-BN）这种二维材料的别称，是由氮原子和硼原子构成的单原子层晶体，而石墨烯是由碳原子构成的。那么，为什么将六方氮化硼叫作白石墨烯呢？这是因为其原子排布与石墨烯六角蜂窝状的周期性结构十分相似，都是仅有一个原子厚度的二维材料。六方氮化硼经过层层堆叠而成的宏观块体质地柔软、可加工性强，且表观颜色为白色，所以称其为白石墨，单层即为白石墨烯。虽然六方氮化硼和石墨烯结构相似，但两者性质还是有很大差别的。比如六方氮化硼是一种绝缘体，而石墨烯却是一种优良的导体。氮化硼晶体有多种相结构，其中六方氮化硼是唯一存在于自然界中的氮化硼相，人工合成的还有立方相氮化硼。作为一种超薄的绝缘材料，六方氮化硼晶体具有较大的带隙宽度、较高的透明度、极高的热导率以及非常高的机械强度和优异的化学稳定性等优点，在功能陶瓷材料、润滑材料、热管理材料和电子材料等领域广泛应用。

执笔人
陈　珂

11

石墨烯在空气中稳定存在吗？

执笔人
亓　月

常温下石墨烯在空气中是稳定存在的，具有良好的化学惰性，不会和空气中的氧气等活泼分子发生化学反应。其实这一点很容易理解，因为石墨烯是在上千度的高温炉子里烧出来的，经过烈火的考验自然非常稳定。但是，在很高的温度时，空气中的氧气就会和石墨烯发生氧化反应，这时石墨烯就不稳定了。当然，这个反应温度还是很高的，一般要到 500℃左右才能够发生氧化反应。

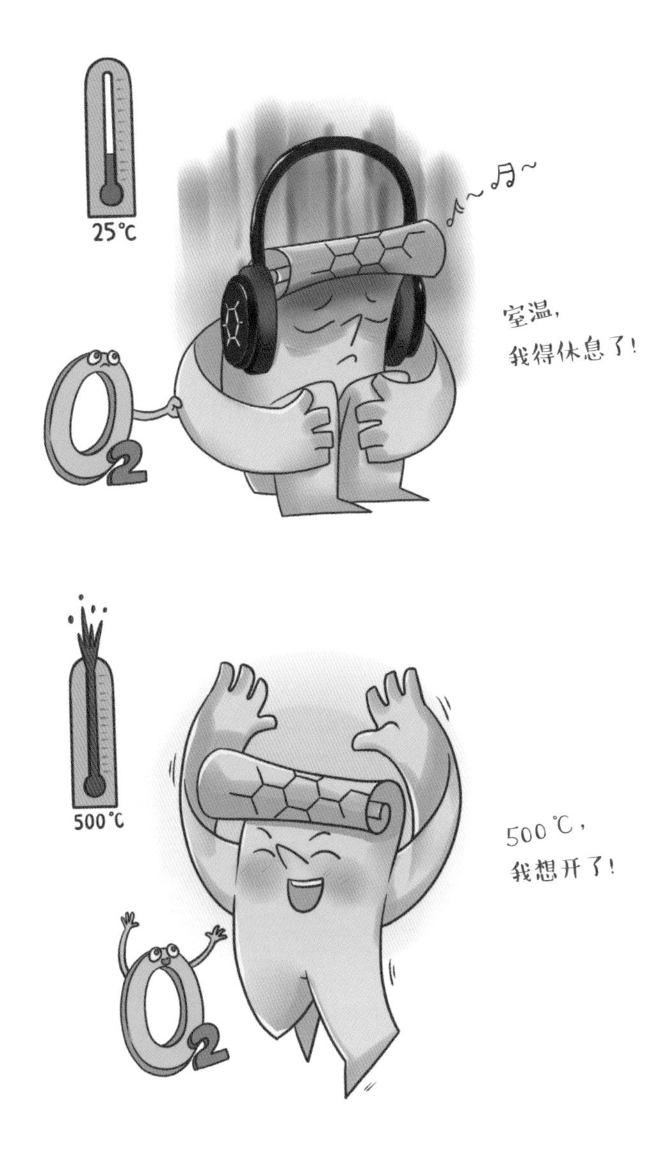

12

石墨烯能点着吗？

燃烧的发生需要具备四个要素：热量、助燃剂（通常是氧气）、可燃物和自由链式反应。因为石墨烯与石墨具有类似的晶体结构，在考虑石墨烯可燃性之前，可以先分析一下石墨的可燃性。石墨是可以燃烧的，相比煤炭其燃烧条件更加苛刻。这是由于石墨的分子结构稳定，因此“点燃”的条件更加苛刻，需要更高的温度和更高浓度的助燃剂。用普通的“点着”条件，例如在空气中用火柴点燃纸张的方法是无法点着石墨的。与此类似，石墨烯的结构也比较稳定，普通环境下表现出较高的化学惰性，同时具有良好的散热能力。但是，由于石墨烯具有较大的比表面积，因此相对于石墨而言，石墨烯的活性会更高一些。人们研究发现，在空气中采用天然气焰点燃的条件下，石墨烯接触火焰的部分变得红热，因此认为石墨烯可以燃烧。然而，由于石墨烯的热稳定性好而且散热快，燃烧不能沿着石墨烯传递，一旦移除火源，燃烧的石墨烯会迅速熄灭。

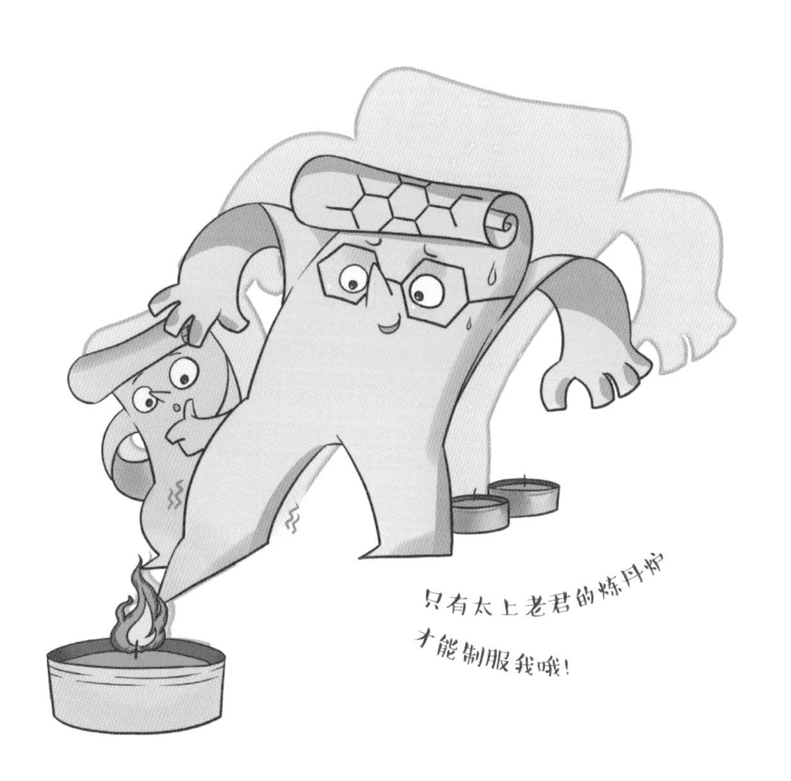

执笔人
邓　兵

13

石墨烯粉尘会爆炸吗？

粉尘爆炸是一种极其危险又很容易被忽视的爆炸类型。粉尘爆炸有四个必要条件：可燃的粉尘、适当的悬浮浓度、充足的氧气以及火源。可燃粉尘在受限空间内与空气混合形成的粉尘云，在点火源作用下，形成的粉尘空气混合物会快速燃烧，并引起可以使温度压力急剧升高的化学反应。金属粉末、塑料粉末乃至小麦粉、奶粉等都可能引起粉尘爆炸。石墨是可燃的，因此石墨粉尘也会引发粉尘爆炸。有研究表明，石墨粉尘爆炸极限浓度最低为 100 g/m^3。虽然目前没有关于石墨烯粉尘爆炸极限的研究，但是考虑到石墨烯具有远大于石墨的比表面积，因此石墨烯理论上比石墨更容易发生粉尘爆炸。这也提醒我们在制备和使用粉体石墨烯的过程中需要格外小心，保持良好的通风条件，避免火源。

执笔人
邓　兵

14

石墨烯有毒吗？

执笔人
亓　月

在自然环境中，石墨烯通常表现出很高的稳定性。在不吸入体内的情况下，近距离操作或者接触石墨烯不会对人体造成伤害。据报道，低剂量（通常浓度低于 50 μg/mL）的石墨烯纳米带和纳米片是无毒的。值得注意的是，在特殊环境或者条件下，石墨烯可能会对生命体造成一定的危害。2013 年，布朗大学和浙江大学研究团队均开展了石墨烯毒性相关的研究，他们从理论和实验上证明石墨烯微米片 / 纳米片的边缘非常锋利且强韧，能够轻易刺入细胞膜，从而影响细胞正常功能的发挥。但是，这是在特殊设计的实验环境下得出的结论。目前针对石墨烯毒性的研究仍不全面，尚无明确和详细的评估标准。因此，不能完全确定长期接触石墨烯对生命体的影响。我们相信，随着研究的不断深入，石墨烯对于人体健康的影响将逐渐被揭示，也将指导人们做出针对性的防护。

身中“小墨飞刀”的细胞

15

吸入石墨烯粉尘会得尘肺病吗？

尘肺病是由于长期吸入大量细微粉尘而引起的以肺组织纤维化为主的职业病。虽然尚无研究证明石墨烯粉尘会直接导致尘肺病的发生，但是按照尘肺病致病原因推断，长期大量吸入石墨烯粉尘存在造成渐进性尘肺病的风险。尤其是在利用大量石墨粉生产粉体石墨烯的过程中，不可避免地会长期接触高浓度石墨粉体和石墨烯粉体，如果防护不当，则存在罹患尘肺病的风险。目前，人们已经发现一种由于过度吸入石墨粉尘造成的尘肺病，即石墨尘肺。该疾病多发于长期接触石墨粉体的石墨厂工人，给患者带来巨大的病痛折磨和沉重的心理负担，也给其家庭造成极大的经济压力。因此，当我们接触大量石墨（烯）粉体时，需要遵守必要的防护规则，例如佩戴防尘面具、护目镜以及防尘口罩等，这将有效地规避与石墨（烯）粉体接触过程中存在的影响人体健康的潜在风险。

执笔人
亓　月

16

欧盟石墨烯旗舰计划是怎么回事？

欧盟石墨烯旗舰计划是欧盟在 2013 年发起的首批欧盟技术旗舰项目之一。该项目运行时间 10 年，总投资 10 亿欧元，旨在把石墨烯和相关层状材料从实验室推向市场，为欧洲诸多产业带来一场革命，促进经济增长，创造就业机会。石墨烯旗舰计划由六大部门共同分担，实施石墨烯全链条研究开发以及产业化工作，包括一个合作协调部门、一个管理服务部门和四个研发应用部门。四个研发应用部门涵盖基础材料与理论研究，健康、医疗和传感器，电子设备和光电子，以及能源、复合材料及应用。这个旗舰项目第一个热身阶段在欧盟“第七框架计划（FP7）”下，从 2013 年到 2016 年。第二个运行阶段从 2016 年开始，被纳入欧盟“地平线 2020”计划内。随着时间的推移，石墨烯旗舰计划成员数目逐步扩大，资助也渐渐偏重更多的应用研究，到 2019 年约有 40%的成员性质是公司而不再是研究机构了。

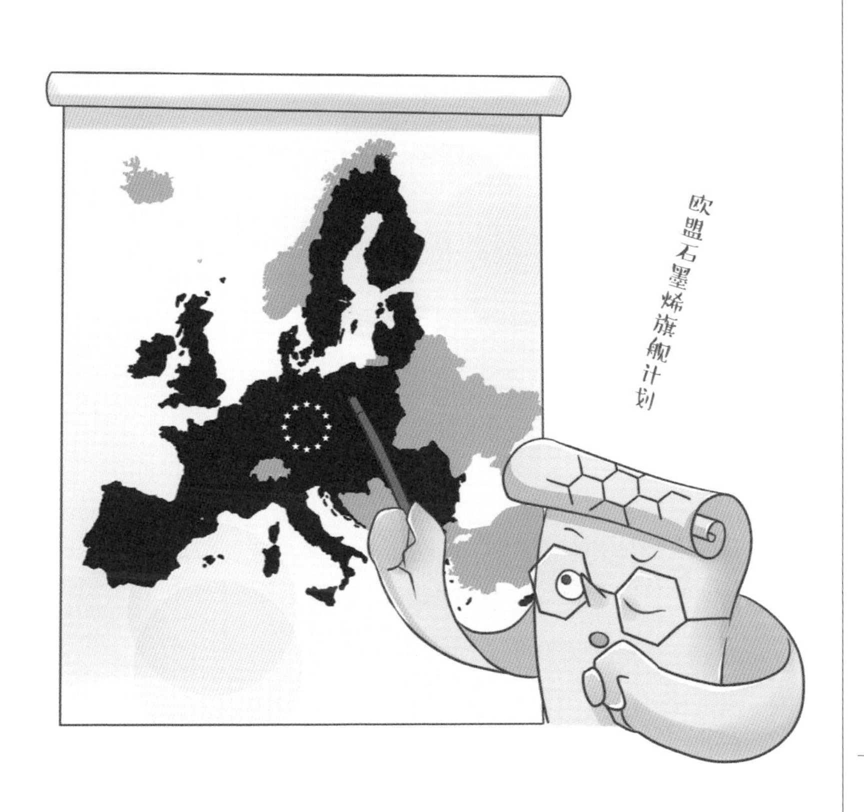

执笔人
魏　迪

II

有问必答：

石墨烯的魅力

第二部分

性质篇

17

石墨烯和石墨只有一字之差，为什么大家对石墨烯情有独钟呢？

执笔人 陈 珂

虽然“石墨烯”这个名字从“石墨”衍生而来，但两者的性质却不尽相同。石墨烯一层层地堆叠起来就是石墨，厚度为 1mm 的石墨片大约包含 300 万层石墨烯。铅笔在纸上轻微划过，留下的痕迹就可能是几层石墨烯。这样看来好像石墨烯与石墨不会有太大不同。但事实上，单层石墨烯的导电、导热和光学特性等都与石墨块体有很大差异。石墨烯被认为是世界上已知的最薄、强度最高的物质，拥有高于普通玻璃的透明度。电子能在石墨烯晶格中以光速的 1/300 的速度无障碍移动，远远超出了金属导体或半导体的电子迁移率，是硅电子迁移率的 100 多倍。石墨烯的导热性也与其导电性一样优异，超过了现有已知所有物质，其热导率约为纯铜的 13 倍。这些都是石墨所达不到的，也使得石墨烯成为家喻户晓的明星材料，深受大众青睐。

18

石墨烯是金属还是非金属？

执笔人
陈　珂

石墨烯是由碳元素组成的，从这个意义上讲，其肯定不是传统的金属材料。相比石墨烯，大家更熟悉的应该是石墨，比如铅笔芯就是由石墨和黏土混合做成的。石墨可以看作是由无数层石墨烯堆叠而成，就像一本厚厚的书。为什么人们会问石墨烯是不是金属呢？那是因为石墨烯具有极高的电导率和热导率，可与金属媲美，同时呈现出不同于普通半导体的零带隙能带结构，因此也被称为“半金属”。

19

石墨烯是导电性最好的材料，这种说法对吗？

执笔人
陈　珂

理论上讲，石墨烯的确是目前世界上已知导电性最好的材料，电导率高达 10^8 S/m，比铜和银还高，其电子迁移率也远远超过传统的硅材料。但是，由于单层石墨烯实在太薄，厚度只有 0.335 nm，电子通道太窄，因此其电阻并不小。实际上，材料的电阻是与其横截面积有关的，横截面积越大电阻就越小，普通的金属导线相比石墨烯来说，其横截面积相差十万八千里，因此普通的金属导线其电阻要小得多。如果再考虑石墨烯的结构不完美性，这种差别就更大了。也就是说，在实际应用中，不能简单地考虑用一层石墨烯作导电材料。人们常常说到用石墨烯来替代传统的 ITO 玻璃作透明导电薄膜，这里也存在一个因厚度的巨大差异带来的电阻差异问题。ITO 玻璃的面电阻可以降到 1 Ω 以下，而石墨烯的理论面电阻达到 30 Ω，实际制备的石墨烯薄膜面电阻更高，通常超过 300 Ω。随着石墨烯制备技术的不断发展，石墨烯质量和导电性也会不断提高，相信其未来在柔性触摸屏与显示器、可穿戴器件等领域会大显身手。

20

石墨烯和铜丝放在一起通电时，电子在哪个上面跑得更快？

电子在电场驱动下的运动行为可用迁移率来衡量，迁移率越高电子跑得就越快。无论是石墨烯还是铜丝，材料的电子迁移率是一个定值，在一般情况下不受驱动电压影响。到目前为止，石墨烯的电子迁移率比任何一种金属都大，因此电子在石墨烯上面跑得更快。而在日常生活中，人们通常用电阻来衡量物体的导电性和电子运动的快慢。有人发现单层石墨烯的电阻较铜丝高，而误认为电子在石墨烯上跑得慢，其实这是不严谨的。虽然电阻与电导率、迁移率有很大关联，但还与物体的几何结构有关。石墨烯和铜丝的厚度差别太大，不能简单地比较，就像拳击比赛也是根据运动员的体重，划分成不同级别进行一样的道理。打个比方，若将铜丝压成与石墨烯厚度相当的铜箔，则铜的电阻会远大于石墨烯，导电性也会变差。因此简单地拿石墨烯与铜丝做对比来评价电子跑得快慢，是不科学的。

执笔人
陈　珂

21

石墨烯的狄拉克锥是怎么回事？为什么把石墨烯称作狄拉克材料？

执笔人
刘开辉

材料的晶体结构决定了材料的能带结构，而能带结构决定了其物理性质和应用。石墨烯是单层碳原子组成的六方蜂窝状平面结构，六方蜂窝状石墨烯的原胞包含两个不等价的碳原子。根据紧束缚物理模型，可以简单计算出石墨烯能带结构在带隙附近呈上下两个对称的圆锥形，能量 E 和动量 k 为线性关系：$E \propto k$，区别于传统半导体抛物线形能带结构：$E \propto k^2$。这种特殊的能带结构导致石墨烯中电子运动的物理行为非常特别。早在 1928 年，英国理论物理学家、量子力学的奠基者、诺贝尔奖获得者狄拉克就给出了狄拉克方程，用来描述这类电子的特殊物理行为。因此，我们称石墨烯的圆锥形能带为狄拉克锥，导带与价带的交汇点为狄拉克点，石墨烯也被称为狄拉克材料。需要强调的是，线性狄拉克锥形能带中电子的有效质量为零，与光子类似，电子在石墨烯中“跑得非常快”，费米速度约为光速的 1/300，因此石墨烯具有极高的电子迁移率。

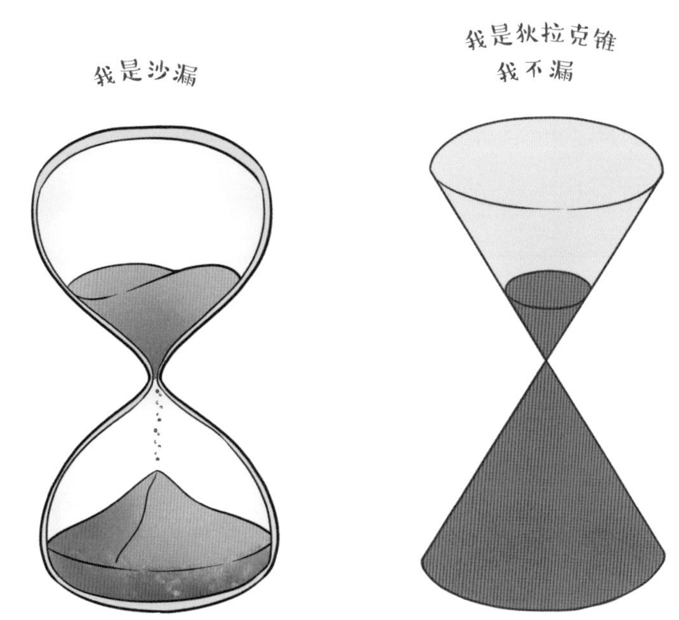

22

石墨烯和金刚石都是碳原子构成的，为什么石墨烯导电而金刚石不导电？

能带理论指出，材料的能带结构决定了其导电能力。简单地讲，石墨烯导电而金刚石不导电是由于这两种材料中碳原子的排列方式不一样，导致它们的能带结构不同。我们知道，每个碳原子最外层有 4 个电子，石墨烯中的碳原子按照六角蜂窝状结构排列，每个碳原子以 sp^2 杂化与周围 3 个碳原子形成 σ 键，并贡献剩余的一个电子形成离域大 Π 键，在费米面附近形成狄拉克锥形能带结构，价带与导带刚好在费米面处相接，在外场或者掺杂作用下可以产生自由载流子，从而可以导电；金刚石中碳原子排布呈四面体结构，每个碳原子以 sp^3 杂化与周围 4 个碳原子形成 σ 键，形成满带，并且导带与价带之间有很大的带隙，除非施加非常大的外场，否则无法产生自由载流子，因此金刚石不导电。

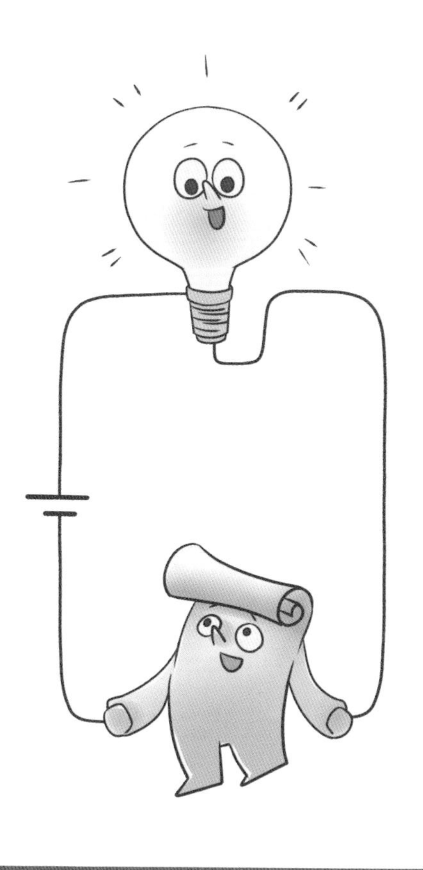

执笔人
刘开辉

23

石墨烯是平的吗？

很长一段时间以来，理论物理学家认为，由于受到周围环境的热扰动（能量≈ $k_{B}T$）严格意义上的二维材料是不稳定的，也就是说在现实中是不存在的。然而，2004 年，安德烈 · 海姆课题组首次用胶带将石墨烯剥离到硅片表面上，随后研究人员发现石墨烯甚至可以在小孔上悬空存在，人们才意识到，原来二维材料是可以在环境中稳定存在的。后来研究发现，石墨烯其实并不是完全平滑的，而是存在大量的微观起伏，就像海面上的波浪和涟漪一样。正是由于这些不平滑的起伏的存在，使得石墨烯能够达到一种平衡和稳定的状态，这一研究发现打破了石墨烯不稳定存在的魔咒，从而掀起了二维材料的研究热潮。因此，石墨烯在宏观尺度上是平的，但是在微观尺度上并不是绝对平整的。

执笔人
刘开辉

24

什么是石墨烯量子点？

执笔人
刘开辉

量子点是指在空间中三个维度上的尺寸都小于临界尺寸（通常为1~10 nm）的半导体纳米材料。我们知道，理想的石墨烯材料是一个由碳原子构成的无限大平面。当我们减小石墨烯的尺寸、使它的直径达到10nm左右或更小时，所得到的石墨烯纳米片就被称为石墨烯量子点。正是由于这种极小的尺寸，使得石墨烯量子点受到极强的量子限域效应和边界效应影响，从而产生能级的分立，打开一个可以调节的带隙。石墨烯量子点的直径不同、边界处修饰不同的化学官能团，带隙的大小也不同。通过调整这些参数，就能让它发出不同颜色的光。

与传统的II—VI族或III—V族元素组成的量子点相比，由碳元素构成的石墨烯量子点具有毒性小、水溶性好、生物相容性好等优点，在新一代电子器件、光电器件、太阳能及生物医学等领域都有很好的应用前景。另外，在量子信息领域，由于碳原子本身质量较小，以及自然界分布最多的碳同位素 ^{12}C 没有核自旋，石墨烯量子点相比其他材料具有较长的自旋退相干时间，从而更有利于量子比特的研究和应用。

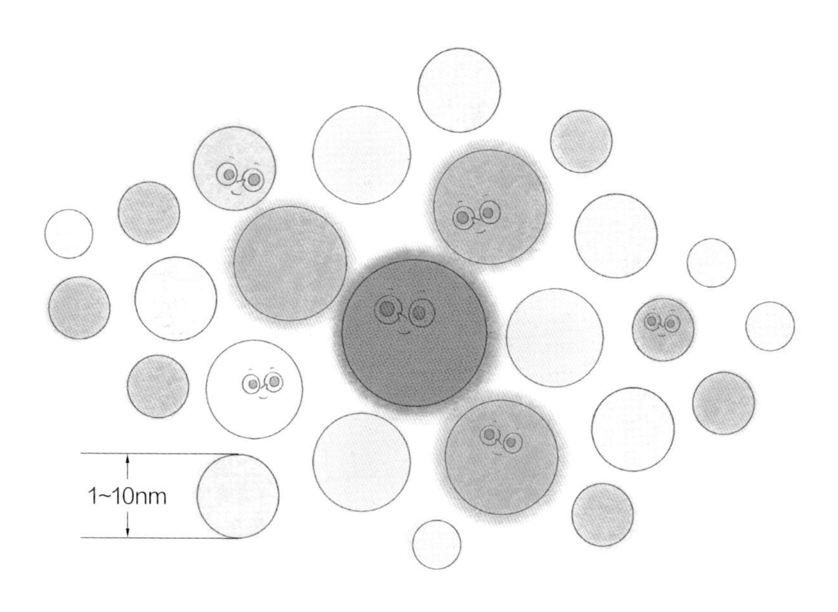

25

石墨烯和碳纳米管的导电性哪个更好一些？

执笔人
刘开辉

我们知道，石墨是一种良导体，其导电性源于石墨层内近似自由运动的π电子，而石墨烯作为单层石墨，是一种半金属，同样具有可近似自由运动的π电子。同时，石墨烯独特的二维晶体结构导致了其奇特的狄拉克锥形能带结构，石墨烯超高的电子迁移率就与此密切相关。碳纳米管则可以简单地看成是石墨烯沿面内某一方向卷曲而成的一维管状结构，其导电性能与卷曲方向和碳纳米管直径有关，可表现为金属性或半导体性。

若要比较石墨烯和碳纳米管两者的导电性，载流子（如电子）迁移率和载流子浓度是两个最重要的指标。电子迁移率，顾名思义，是固体物理学中用于描述金属或半导体内部电子在电场作用下移动快慢程度的物理量，它与电子

石墨烯

浓度一起决定了材料电导率的大小。对石墨烯来说，电子迁移率可高达约 200000 $\mathrm{cm^2/(V \cdot s)}$(室温)；而对半导体碳纳米管来说，电子迁移率可达约 100000 $\mathrm{cm^2/(V \cdot s)}$(室温)。对比其他材料室温下的电子迁移率，如晶体硅的电子迁移率 [约 1400 $\mathrm{cm^2/(V \cdot s)}$]，这已经是非常巨大的了。值得注意的是，对石墨烯来说，由于其狄拉克锥形能带结构费米面附近的电子态密度非常小，从而导致本征石墨烯几乎不导电。但是通过电子或者空穴掺杂，可以调节石墨烯的费米能级，改变载流子浓度，从而让石墨烯可以导电。由此可见，石墨烯和碳纳米管的导电性能都非常优异，电子迁移率方面石墨烯略胜一筹，它们的导电性能都要优于晶体硅，甚至可以媲美金属导体(如铜)。

26

石墨烯能发光吗？

执笔人
刘开辉

传统半导体发光器件，即我们熟知的LED，主要基于激发的电子空穴在发光层中复合释放能量发光。由于石墨烯的零带隙特殊性质，被激发的电子空穴对能量很快被耗散，在完美理想的石墨烯中很难观察到发光过程。只有在超快光脉冲照射下，本征石墨烯才会呈现发光现象，但这种发光强度非常低，只能被科学实验室的专业设备检测到，人的肉眼无法识别。另一方面，类似于半导体器件发光原理，如果在石墨烯中引入缺陷，进而破坏完美石墨烯的结构，便可以利用光激励、电激励等手段激发石墨烯中的电子和空穴，使其复合发光，遗憾的是，此种方法发光效率也很低。

然而，石墨烯具有优异的高强度和高温稳定性等特点，它能像碳纤维那样，加热至2500 ℃以上实现有效的热辐射发光，就像爱迪生选用炭丝作为灯丝来制作灯泡。事实上，科学家们已经研制成功了世界上最薄的石墨烯灯泡。这种灯泡类似于白炽灯，但灯丝是放置在硅衬底上的透明石墨烯薄膜。当电流通过石墨烯灯丝致其加热到2500℃以上时，便发出非常明亮的光。这种新型的宽带光源可以集成到芯片中，并为柔性透明显示器、甚至全新的片上光通信铺平道路。

27

石墨烯是导热性最好的材料吗？

石墨烯是目前为止热导率最高的材料，具有优良的导热性能。热导率的大小代表物质导热性能的高低，热导率越大，导热性越好。单层石墨烯薄膜的面内横向热导率可达5300 W/(m · K)，比铜和银高出十几倍。然而，仅仅就一层石墨烯而言，其实际导热能力十分有限，就像千军万马过独木桥一样艰难。如果很多层石墨烯叠加起来使用，层间热导率往往较低，纵向传热过程受到限制，同时横向热导率也有所降低，比如石墨的纵向热导率仅为 20~30 W/(m · K)，横向热导率也仅有 800~1900 W/(m · K)。此外，实际应用时，热传导过程还受到石墨烯与散热基板之间接触热阻的限制，不能单纯考虑石墨烯自身的导热性能，须有效增强石墨烯与发热体之间的热耦合。因此，石墨烯散热技术研发还有诸多挑战，广泛的实用化还有很长的路要走。

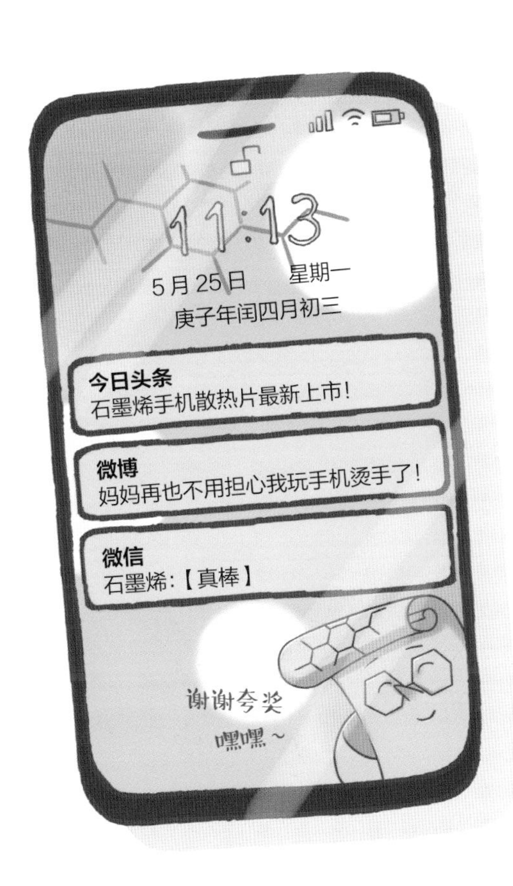

执笔人
陈　珂

28

石墨烯的掺杂是怎么回事？

执笔人
林　立

掺杂是半导体制造工艺中，在纯的半导体中引入杂质，改变其电学性质的过程。例如在硅基半导体的发展中，为了提高本征硅的导电能力，通常在本征硅中混入其他元素如磷、砷、硼或镓。这些元素可以提供额外的载流子（电子或空穴），实现本征硅的载流子浓度的提高，进而提高硅的导电性。之所以需要进行石墨烯掺杂，是因为未被掺杂时，石墨烯的载流子浓度很低。石墨烯能带结构较为特殊，呈现狄拉克锥形结构，导带和价带相交于一点，即狄拉克点。石墨烯的每个碳原子提供一个电子，这些电子可以将价带完全填满，而空出了导带。石墨烯未被掺杂时，石墨烯的费米能级就精确地落在价带与导带之间的狄拉克点处，此处石墨烯的态密度几乎为零，这导致石墨烯没有额外的可

以导电的载流子，尽管此时石墨烯的载流子迁移率非常高，但是由于载流子浓度很低，导致石墨烯导电性能较差。通过石墨烯的掺杂，可以引入额外的导电载流子，石墨烯的费米能级位于狄拉克点之上的为 n 型掺杂，此时石墨烯是电子导电；石墨烯的费米能级位于狄拉克点之下则为 p 型掺杂，此时为空穴导电。石墨烯的掺杂方法可分为物理掺杂和化学掺杂。吸附掺杂为物理掺杂的主要方式，主要是通过吸附物和石墨烯之间的电荷转移实现石墨烯掺杂，而化学掺杂主要包括共价修饰掺杂和替位掺杂。替位掺杂与硅基半导体掺杂类似，将氮、硼、磷等杂原子替换石墨烯中的碳原子，而这些杂原子会改变石墨烯能带结构，引入额外的载流子，进而提高石墨烯的导电性。

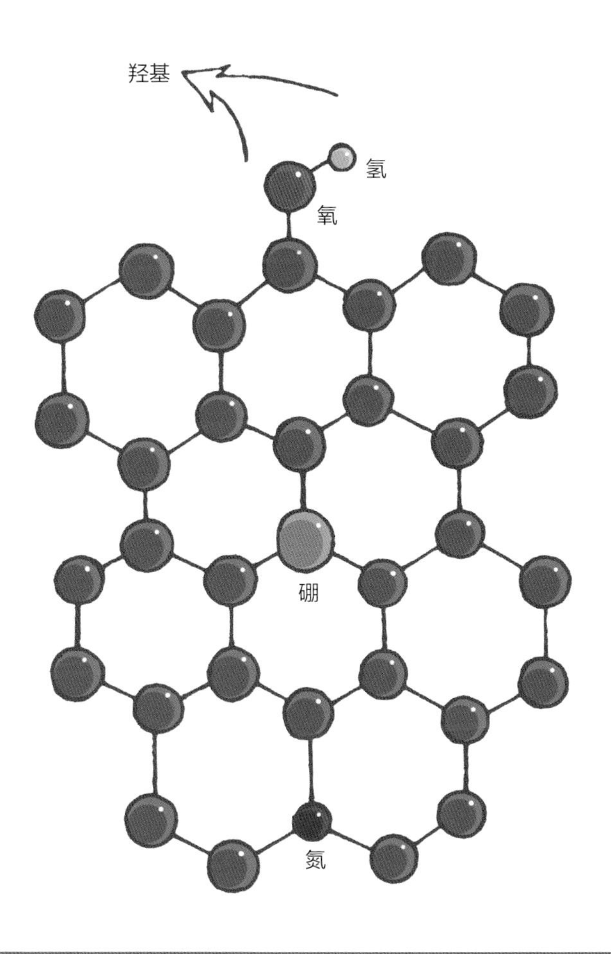

29

石墨烯有磁性吗？

本征石墨烯是没有磁性的，因为磁性与原子结构相关，石墨烯中并没有可以产生磁性的相关电子，因此，本征的或者说原始的石墨烯是没有磁性的。但是，这并不能阻止我们研究石墨烯中的磁性这一课题，因为如果能在石墨烯上引入磁性，那将是一件非常有意思的事情。目前已有很多科学家投入到这个领域中并进行了一系列的研究工作。

那么，如何才能让石墨烯具有磁性呢？科学家们想了很多种办法，比如通过空位缺陷、原子吸附和近邻效应（与铁磁衬底耦合）等引入磁性。例如，2016 年，来自西班牙的研究者们就在《科学》（*Science*）上发表文章，报道他们在石墨烯上添加氢原子之后，石墨烯获得较远距离磁性的成果；2017 年，来自捷克的科学家们在《美国化学会志》（JACS）上发文，通过在石墨烯中掺杂氮使石墨烯获得磁性。如今，石墨烯的磁性研究还有许多值得我们深入探讨的内容，这些都将促使石墨烯在磁性领域大放异彩。

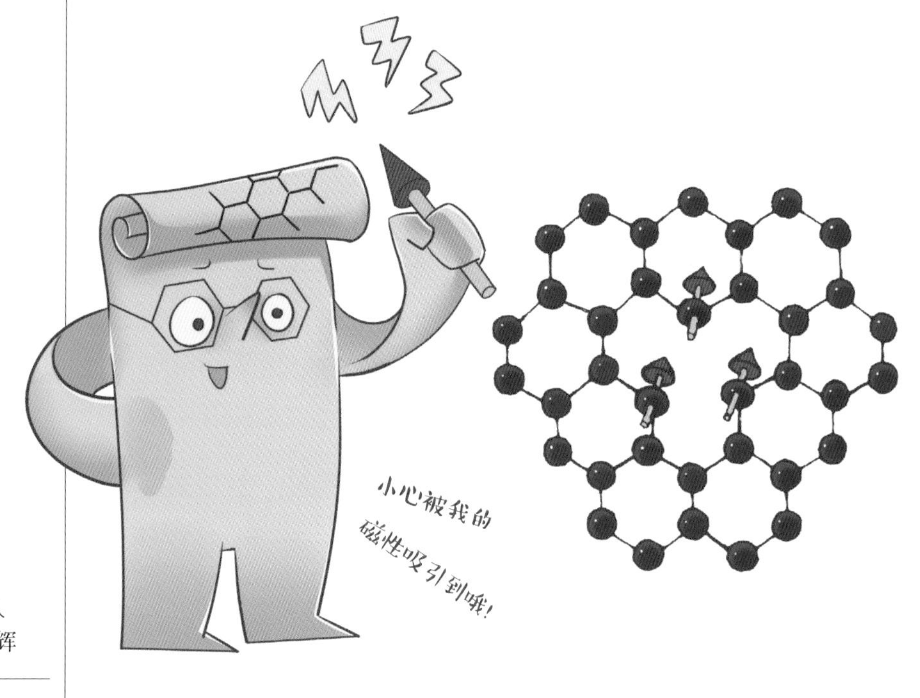

执笔人
刘开辉

30

什么是魔角石墨烯？魔角石墨烯的『高温』超导有实用价值吗？

执笔人
刘开辉

当两片单层石墨烯以特定扭转角度（如“第一魔角”约1.1°）堆叠到一起之后，彼此之间的奇妙耦合会激发一系列新颖现象，这就是魔角石墨烯。魔角石墨烯具备摩尔超晶格结构，晶格周期约 13 nm，相当于将单层石墨烯的晶格扩大了 50 倍。研究发现，魔角石墨烯能在低温和电子掺杂的条件下实现二维超导，超导临界温度 T_c=1.7 K（约 -271℃），远低于铁基或铜酸盐超导体（常压 T_c 已突破 130 K），故其超导并不“高温”，与科学家所追求的室温超导更是相去甚远。

尽管如此，魔角石墨烯的迷人之处在于“转角遇到爱”，仅仅通过改变层间扭转角度就能实现双层石墨烯的超导；同时，该体系载流子浓度相对较低，电学调制更为轻松。加之观察到的莫特绝缘态、二维超导态等与高温超导体中的现象高度一致，该体系或成为研究高温超导中基础物理的优良选择；而基础物理的突破，往往能为人们进一步理解超导、实用超导提供强大助力。

31

石墨烯是超导材料吗？

生活当中的导电材料随处可见，如用作电线的铜丝、我们的身体和广袤的大地等。但是，追寻一种室温下电阻为零的超导材料一直是科学家们研究的重要目标。目前的超导材料研究主要基于铜氧超导体、铁基超导体和硼化镁超导体等。那么，石墨烯会是一种超导材料吗？

普通的石墨烯展现出半金属性质。然而，2016 年日本东北大学和东京大学的科学家 S.Ichinokura 等人在两层石墨烯间插入钙原子，构建成三明治结构，实现了超导性；2018 年麻省理工学院 Pablo Jarillo-Herrero 研究团队将一层石墨烯叠加在另一层石墨烯上，并将层间转角旋转至某一特殊角度——“魔角”时，双层“魔角”石墨烯在低温、电子掺杂等特定条件下表现出超导性。目前石墨烯的超导发生条件非常严苛，特殊的角度构造、极低的临界温度等使其难以向实用化发展。但是，仅通过一个简单的旋转操作就能诱导出石墨烯的超导特性，且此种超导的机理也许与传统复杂的超导材料相似，这或许可以成为理解高温超导现象的“钥匙”，为未来室温超导的实现奠定基础。

电子

执笔人
刘开辉

32

石墨烯是什么颜色的？肉眼能看到吗？

单层石墨烯从可见光到近红外范围内的透光率高达97.7%，所以是无色透明的，单凭肉眼很难观察到。石墨烯之所以透明，是因为只有一个碳原子的厚度，也就是0.335 nm，相当于人类一根头发直径的二十万分之一。由于太薄，大部分的光都透射过去了。当然，如果把无数层石墨烯堆叠起来，光被一层一层的石墨烯拦截吸收，最后也就不透明了，正如常见的黑色石墨的情况。如果借助光学显微镜来观察石墨烯，结果就会变得不一样。在光学显微镜下，将一定厚度（通常十层以内）的石墨烯微片放在有表面氧化层的硅片上，由于光学衍射效应的存在，我们就可以观察到不同颜色和衬度的石墨烯，光学衬度的差异反映了石墨烯微片厚度的不同，通过简单估算就可以大致判断石墨烯的层数。

执笔人
陈 珂

33

为什么石墨是黑色的，而石墨烯却是无色透明的？

执笔人
陈　珂

虽然石墨和石墨烯都是碳原子组成的物质，但是两者的维度是不同的。石墨烯是石墨的基本结构单元，是由单层碳原子排列而成的二维平面材料。而石墨是一层一层的石墨烯像书页一样堆叠而成，是宏观三维的物质。石墨烯领域的一个约定俗成的共识是，当层数少于或等于十层时，可以称之为石墨烯，否则就是普通的石墨。石墨烯特别薄，单层只有 0.335 nm 厚。当一束光通过单层石墨烯时，只有 2.3% 的光被吸收，因此石墨烯是透明的，而且由于石墨烯均匀吸收可见光，因此其也是无色的。然而，光束每通过一层就被吸收掉大约 2.3% 的能量，这样简单类推，通过 50 层石墨烯后，光就几乎完全被吸收了。所以这就不难解释为什么我们平常所见到的由成千上万层石墨烯堆叠而成的石墨是黑色的了。

34

有什么简单的办法证明是单层石墨烯？

单层的石墨烯的厚度仅为 0.335 nm，相当于一张纸厚度的十万分之一。对于如此薄的材料，一般必须通过非常昂贵和精密的仪器才能判定其厚度。但是由于石墨烯特殊的光学性质，在某些特殊的情况下，采用光学方法就可以判断是否为单层。比如当石墨烯放置在具有一定厚度氧化层的硅片上时，不同层数的石墨烯会因为光的干涉而表现出颜色差异，借助普通的光学显微镜对比颜色就可以分辨石墨烯是否为单层。而对于一般情况，我们可以先用自己的眼睛进行简单的判断和排除：每层石墨烯对可见光的吸收率为 2.3%，即透光率为 97.7%，而日常生活中常用的窗户玻璃的透光率约为 80%，因此当我们发现所拿到的石墨烯表现出比较黑的颜色，那说明它吸收了大量的光，肯定不是单层石墨烯了。而对于利用眼睛无法排除的样品，还是需要借助科学仪器，才能进一步判断其是否为单层。

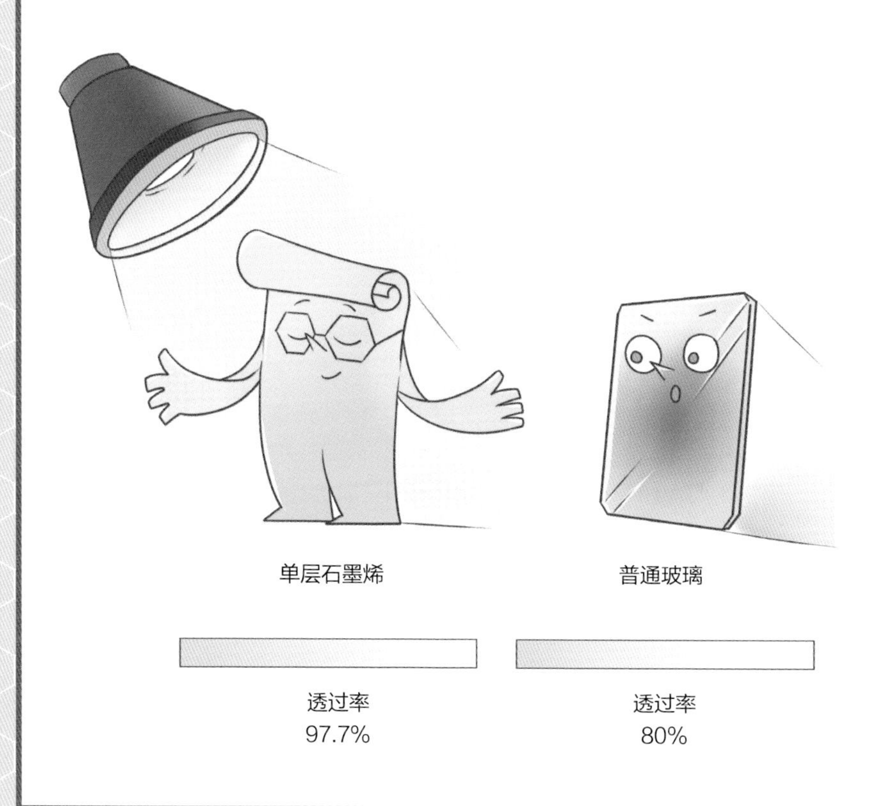

执笔人
孙禄钊

35

石墨烯的比表面积有多大？

比表面积是指单位质量的物质所具有的表面积，而表面积又分为外表面积和内表面积。对于普通非孔性材料，只具有外表面积；而多孔的物质则既有外表面积又有内表面积，比如石棉纤维、硅藻土等。比表面积是衡量物质特性的一个重要指标，一般来讲，比表面积越大，它的催化性能和吸附性能越高。理想情况下，考虑石墨烯的上下两个表面，得出其比表面积为 2630 m^2/g。但是实际情况下，石墨烯会因为堆叠或者贴附于基底上而造成表面积的损失。如果能像揉报纸一样，将石墨烯支撑起来或制造出大量的褶皱，则可以尽可能保持石墨烯本身的比表面积。科学家们通过采用泡沫状或多孔状的物质（如上面提到的硅藻土）作为模板制备出的石墨烯比表面积可以达到 1000 m^2/g。

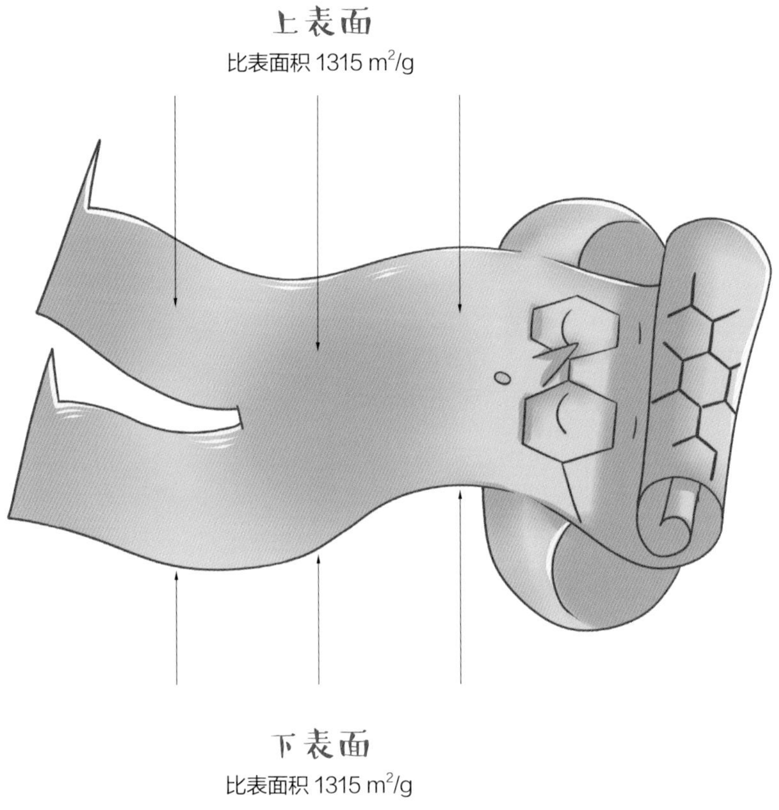

执笔人
孙禄钊

36

1克石墨烯完全铺展开，有多大面积？

石墨烯是一种典型的平面状单原子层厚度的二维材料。那么，1 克的石墨烯如果完全铺展开来，面积究竟有多大呢？我们可以通过简单的几何知识来推导，结合碳原子的质量，进行计算。在石墨烯的蜂巢结构中，每一个圆球代表一个碳原子，质量约为 2×10^{-23} g；而圆球之间的线段代表碳原子之间的化学键，长度约 0.142 nm。我们不难找出石墨烯蜂巢结构的重复单元为一菱形，菱形的面积 $S\approx0.052\ \text{nm}^2$。而菱形内所包含的碳原子恰好为两个，质量和为 4×10^{-23} g。据此，可以计算得出每克石墨烯的面积约为 1315 m^2，这相当于三个篮球场的面积。

执笔人
孙禄钊

37

石墨烯是最轻的材料吗？

石墨烯是一种超轻材料，面密度仅为 0.77 mg/m^2，且拥有比钢更高的力学强度。具有三维网络结构的石墨烯气凝胶被认为是目前世界上最轻的一种固态海绵状材料。它能轻到什么程度呢？打个比方，对于人类每天都呼吸着的空气，其密度约为 1293 g/m^3，而据报道，石墨烯气凝胶的表观密度可低至 160 g/m^3，仅为空气密度的 1/8 左右。因此人们形象地称之为“凝固的烟”。在应用方面，石墨烯可被用来制造轻便运动装备，有报道称目前业界最轻的石墨烯跑鞋仅有 120 g，加入石墨烯的鞋底表现出更好的弹性和韧性，穿上它仿若漫步云端。此外，作为超高强度的超薄材料，石墨烯还可用于制造轻质跑车、飞机和超轻便防弹衣等产品，不仅减轻了机械重量，还可提高强度、和导热等性能。

执笔人
陈　珂

38

有人说石墨烯比金刚石还硬，这是真的吗？

说到硬度，主要是针对三维宏观物体而言。硬度测试是材料力学性能试验的常用方法，用来反映材料组分和结构上的差异。硬度的测试方法很多，大多采用金刚石等压头作用于材料表面，进而衡量材料局部抵抗硬物压入的能力，通常的评价标准是基于对压痕的分析。而石墨烯属于二维材料，单层石墨烯仅有 0.335 nm 厚，因此很难用传统测试方法来评价其硬度。科学家们最早是通过微探针压入悬浮石墨烯的方法来测量石墨烯的力学性能。具体是将单晶石墨烯薄膜置于孔径为 1 μm 左右的孔板之上，然后用金刚石微探针对小孔之上的悬浮石墨烯施加压力，以测试其承受能力，但很难获取传统硬度测试方法所需要的压痕信息。有研究表明，只有在碳化硅单晶表面外延生长的双层石墨烯才能获得高于金刚石的硬度。因此，简单笼统地拿石墨烯与金刚石做对比，很难给出石墨烯硬度的科学评价。

以子之矛攻子之盾，何如？

执笔人
陈　珂

39

石墨烯比钢铁还结实吗？

石墨烯是一种超薄的碳单原子层材料，层内的碳原子以超强的共价键相结合，因此单层石墨烯具有高达 130 GPa 的断裂强度和 1 TPa 的弹性模量。从这个意义上讲，石墨烯是世界上已知强度和模量最高的物质，比钢铁还要强百倍。这是什么概念呢？打个比方，一张保鲜膜厚的石墨烯薄膜最高可承受一头大象立于铅笔之上所产生的压力。此外，石墨烯比钢铁还轻，如果将其做成防弹衣，有望改善传统防弹材质的厚重感和穿戴不方便等不足，达到既轻便又结实的效果。当然，从实用角度讲，制备宏观尺寸、单晶无缺陷的石墨烯薄膜是发挥这种材料超强性能的重要前提，而且价格必须在可接受的范围，这些仍存在巨大的挑战，需要科技工作者们不断探索。

执笔人
陈　珂

40

既然石墨烯的机械强度比钢铁要高许多，为什么单层石墨烯很容易破碎呢？

执笔人
陈　珂

理论上讲，石墨烯的机械强度比钢铁要高出很多倍，这得益于石墨烯层内碳原子间超强的共价键。然而，石墨烯作为一种超薄的二维单原子层材料，厚度只有 0.335 nm。在考虑实际利用石墨烯的诸多优良性质时，必须注意“太薄”这一点。当石墨烯受到横向拉伸作用力的时候，即使具有超高的断裂强度，但由于其横截面积过小，因此实际所能承受的拉伸应力仍然很小，这样就很容易被拉断或压碎。此外，实际制备的石墨烯薄膜通常含有大量晶界和缺陷，因此更容易从这些不完美的结构缺陷处断裂。

41

用单层石墨烯做成包装袋，能承受多重的东西呢？

执笔人
陈 珂

石墨烯是目前世界上已知最薄、最轻、最强的材料。它的比表面积很大，6 g 单层石墨烯便可覆盖整个足球场。单层石墨烯的断裂强度可达到 130 GPa，是钢的 200 倍左右。简单估算一下，扯破 1 m 宽的石墨烯薄膜需要施加大于 42 N 的力，即大约 4.3 kg 的力。美国科学家詹姆斯 · 霍恩（James Hone）曾打过一个比方："如果有一块赛伦保鲜膜（Saran Wrap）那么厚的石墨烯薄膜，那么将需要一头大象站在一支铅笔上才能把它刺穿。"这时保鲜膜的厚度相当于 300 层石墨烯，所能承载的重物高达 1.26 t。理论上讲，即便只有一层石墨烯做成的包装袋，也可以承载 4.3 kg 的物品，可见完美的石墨烯薄膜是多么的结实。当然，这些都是基于科学实验数据的简单类推，无法在实际生活中证实，目前这样的石墨烯包装袋也并未出现。

42

石墨烯是拉伸性能最好的材料吗？

石墨烯是目前已知拉伸强度最大的材料，这是因为石墨烯作为二维原子晶体，碳碳键强度很高，其键长为0.142 nm。材料的拉伸性能可以使用拉伸强度来衡量。对于石墨烯来说，石墨烯的碳碳键在拉伸情况下，可以拉伸20%不发生化学键的断裂，完美石墨烯的拉伸强度可以达到100~130 GPa，强度比钢铁要高200倍左右。拉伸强度也可以通过杨氏模量（当材料承受应力时产生应变，没有超过材料的弹性限度时，应力与应变的比值即为材料的杨氏模量）来衡量，石墨烯的杨氏模量高达1.03 TPa。当石墨烯晶格出现缺陷时，缺陷处的机械强度会显著降低，此时石墨烯的机械强度取决于缺陷的类型和数量。因此，尽管完美的石墨烯具有极高的拉伸性，但是如果石墨烯中出现缺陷，其机械强度会显著降低。

需要指出的是，拥有三个自由电子的电中性单价碳活性中间体及其衍生物统称为卡拜。一个碳原子宽度的石墨烯纳米带也可以看作一种类型的卡拜，其理论机械强度要比石墨烯大，但是目前合成难度极大，因此，石墨烯依然是目前已知拉伸性能最好的材料。

执笔人
林　立

43

为什么说石墨烯是柔性材料？

柔性（flexibility）作为描述材料机械性能的一个物理量，与材料的刚度（stiffness，材料或结构在受力时抵抗弹性变形的能力）直接相关。材料的刚度越高，其柔性越差；材料的刚度越低，其柔性越好。这里还需要区分材料的拉伸强度（tensile strength）和刚度，拉伸强度反映的是材料弹性形变的极限，刚度和拉伸强度并无直接关系。

由于石墨烯的碳碳键强度很高，在平行于石墨烯平面的方向，石墨烯的刚度较高，其刚度约为 340 N/m。因此，某种意义上，在平行于石墨烯平面的方向，石墨烯的柔性并不好。

但是，为什么说石墨烯是柔性材料呢？这是因为石墨烯的厚度仅为单原子层厚（0.335 nm），石墨烯的弯曲刚度（bending stiffness）仅为 2.43×10^{-19} N/m，其弯曲刚度和细胞膜的磷脂双分子层的弯曲刚度差不多。因此，相较于水平方向上的拉伸，石墨烯极易弯曲和折叠，这赋予石墨烯在弯曲时极高的柔性，在柔性电子学和可穿戴器件中有极高的应用价值。

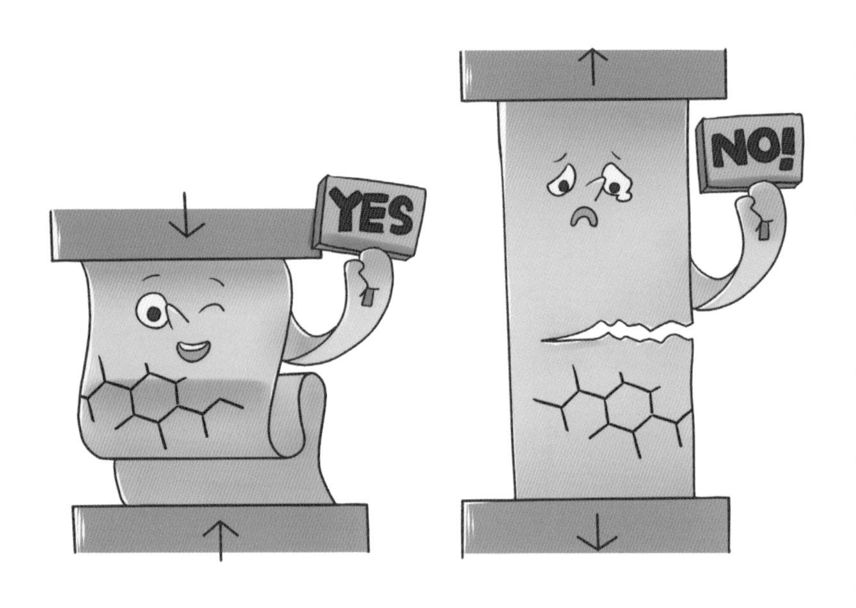

执笔人
林　立

44

石墨烯能不能像布匹一样可以被剪裁、折叠呢？

石墨烯可以被剪裁和折叠。对剪裁来说，我们首先需要理解剪刀剪裁的原理，剪刀裁剪时，是利用施加在材料上的剪力将材料剪开。剪力是一组作用力，将物体的一部分推往一个方向，另一部分推往相反方向。在很小的范围内施加较大的作用力，进而将材料撕裂。

石墨烯的碳碳键能很高，为什么仍然可以被裁剪呢?这主要取决于石墨烯的单原子层的厚度。举例来说，我们用塑料剪刀裁剪金属板材异常困难，但是，如果将金属延展到很薄，如金箔、铝箔，塑料剪刀也可以将他们轻松裁剪。因此，单原子层厚度的石墨烯可以被轻松裁剪。

那么石墨烯折叠的难易程度，又由什么决定呢?这取决于石墨烯的弯曲刚度，由于石墨烯的弯曲刚度相较于其拉伸刚度要低很多，因此石墨烯可以被轻松弯折。从微观尺度上来看，尽管石墨烯弯折处会产生较大的应力，但是弯折并折叠以后，石墨烯层与层之间会形成稳定的范德瓦耳斯作用力，提高了石墨烯的稳定性，因此我们可以轻松折叠石墨烯。

执笔人
林 立

45

石墨烯的褶皱是怎么回事？

日常生活中所说的褶皱，通常是指皱纹、褶子等，常见于人和动物的皮肤上。而二维原子晶体石墨烯的褶皱则包含几种不同的含义。首先，理论上讲，石墨烯是一种严格平整的二维单原子厚度晶体。但是，由于热力学不稳定性，理想平整的石墨烯不可能存在，而会由于热扰动产生波纹状的起伏，也可以称之为涟漪。其次，在化学气相沉积法生长石墨烯的过程中，由于石墨烯与生长基底的热膨胀系数失配，会导致在石墨烯薄膜上形成褶皱。如金属镍上的石墨烯生长，在降温过程中金属镍收缩，而石墨烯表现为膨胀，这导致降温过程中镍受到拉伸应力，而石墨烯受到压缩应力。正是因为应力的存在导致了石墨烯褶皱的形成。最后，由于生长基底的不平整，在后续从基底剥离和转移过程中，石墨烯也会发生局部折叠而导致褶皱形成。尽管目前有关石墨烯褶皱的说法还比较混乱，但通常后两种情况下产生的石墨烯局部形变称为石墨烯的褶皱。

需要指出的是，褶皱的形成会严重影响石墨烯的自身性质，并且褶皱形成后的石墨烯很难恢复，这是因为需要克服随之产生的石墨烯层与层之间较强的范德瓦耳斯作用力。

执笔人
林　立

46

石墨烯透气吗？

顾名思义，透气指的是气体分子透过单原子层厚的石墨烯膜。这的确是个很有意思的问题，因为完美的石墨烯呈现出六方蜂窝状网格结构，尽管这个网眼只有苯环大小的尺寸。我们呼吸的空气的主要成分是氧气和氮气，不同气体分子个头也不一样。早在 2008 年，Bunch 等人就做过这样的实验，他们用的是个头最小的氦气，发现石墨烯的透气性比几个微米厚的石英还要低，每平方微米石墨烯薄膜每秒钟透过的氦气分子不到十万个。最近诺贝尔奖得主安德烈 · 海姆利用更精确的检测技术测量得出，1 μm^2 尺寸的石墨烯薄膜每秒钟透过的氦气分子不到 0.001 个，比一千米厚的石英玻璃还要低。出乎意料的是，比氦气分子更大的氢气分子 H_2（氦气分子动力学直径为 0.26 nm，氢气分子为 0.289 nm，均不到头发丝直径的十万分之一）在室温下却表现出更好的透过性。这是怎么回事呢？原来，氢气并不是以氢气分子 H_2 的形式穿过石墨烯，因为石墨烯可以催化氢气分子 H_2 裂解成两个氢原子 H，氢原子 H 的电子再被石墨烯捕获，表现出与个头极小的质子类似的性质，而质子被证明是可以穿过石墨烯网格结构的。即便如此，氢气对石墨烯薄膜的穿透能力也远低于石英玻璃。也就是说，对于完美的石墨烯薄膜来说，其透气性极差，几乎可以说是不透气的。因此，即便是考虑到石墨烯的不完美性，商家宣传石墨烯内衣类产品透气性好就纯粹是无稽之谈了。

执笔人
王路达

47

什么物质能够穿过石墨烯的六方网格状孔洞结构？

石墨烯基本上是不透气的。那么石墨烯的六方网格状孔洞能否透过什么物质呢？我们来做一个简单的估算，如果把石墨烯中的碳原子想象成一个球体，它的范德瓦耳斯半径为 0.11 nm，碳 - 碳原子间的键长为 0.142 nm，可以估算出石墨烯六方网格状孔洞的可穿越直径仅 0.064 nm，这比最小的气体分子氦气（0.26 nm）还要小。因而可以推测，绝大多数分子离子都不能穿过石墨烯。但也有一个例外——也就是个头极小的质子。我们先从尺寸大小来分析一下，质子比氦气分子要小得多，其半径不到 10^{-6} nm，远小于孔洞直径 0.064 nm。另外，从能量角度分析，质子穿过石墨烯的能垒比氦气分子小得多，仅为 0.78 eV 左右，而氦气分子的穿越能垒为 3.5 eV。虽然这个能垒数值仍然比室温 25 meV 要大，但无疑质子比氦气分子有更高的概率穿过石墨烯（称为隧穿效应）。已有研究表明，只有质子和氢气能够穿过石墨烯。事实上，氢气对石墨烯的透过性与质子穿过石墨烯也密切相关，氢气分子首先吸附在石墨烯表面，并在石墨烯的催化作用下解离成质子并穿过石墨烯，随后在石墨烯的另一侧脱附形成氢气。需要强调指出的是，石墨烯是一种非常好的阻隔材料，并不是透气材料。这也给我们带来启发，如果能在石墨烯中可控引入分子级大小的孔洞，使其只能透过某些特定粒子，那么其将成为非常好的分离材料，凭借其单原子层厚度的优势在生物医疗、海水淡化及气体纯化等领域中将大有所为！

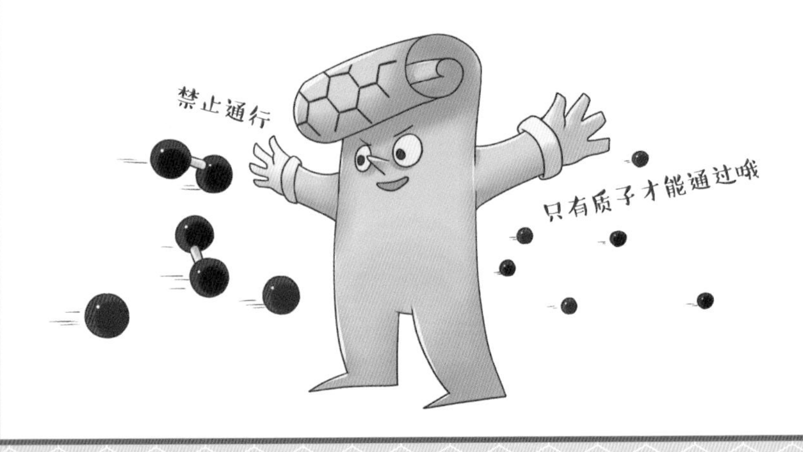

执笔人
王路达

48

石墨烯是亲水性的，还是疏水性的？

日常生活中，我们会注意到水在不同表面上的表现行为是不一样的，有时可以很好地铺展开来，表现为亲水性；有时则形成一个个的小水珠，不容易铺展开来，表现为疏水性。通常用接触角来描述这种表面亲疏水性质，也就是将水滴在表面上形成的小水滴的角度。接触角小于 90° 时为亲水性表面，接触角为 0° 时亲水性最好，水可以在表面上完全铺展开来；接触角大于 90° 小于 150° 时为疏水性，而接触角为 150° 以上时表现为超疏水性。石墨烯理论上是亲水性的。材料的结构决定性质，石墨烯是一种单原子层二维晶体材料，其中的碳原子紧密堆积成六角蜂窝状结构。石墨烯中的碳原子以 sp^2 杂化方式成键，每个 sp^2 杂化轨道各贡献一个电子形成很强的面内 σ 键；而碳原子中剩下的电子则游离在整个平面上，形成面外离域大 Π 键。由于石墨烯具有大的 Π 共轭体系，而水（H_2O）对于共轭体系具有较强的亲和力，水分子中的氢原子可以通过与石墨烯的大 Π 键形成 Π—H 键来增强与石墨烯的相互作用，使得石墨烯表现出亲水性。那么为什么人们常常误认为石墨烯是疏水材料呢？其实这跟表面污染有关系。研究表明，刚制备出来的石墨烯薄膜是亲水的，但放置于大气环境中后，其表面会变得越来越疏水。这是因为空气中的脏东西会吸附在石墨烯表面，妨碍了 Π—H 键的形成，从而减弱了石墨烯与水分子的相互作用，使得亲水性的石墨烯表面表现出疏水性。

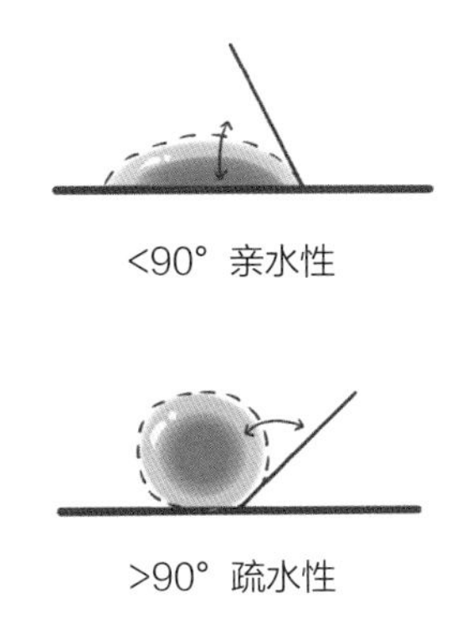

执笔人
张金灿

49

石墨烯能在水里分散吗？

执笔人
张金灿

石墨烯无法长时间稳定分散在水中。石墨烯作为单原子层的纳米材料，其比表面积很大，在水中容易通过自发团聚来降低表面能，以提高体系的稳定性。更为关键的是，由于片层间的范德瓦耳斯作用力较强，堆叠后的石墨烯片层难以自发地再次分离，所以在水中石墨烯的团聚过程是不可逆的，这就导致石墨烯在水中无法稳定分散。为解决这一问题，目前最常用的策略是引入空间位阻效应或静电排斥作用来阻止石墨烯片层的堆叠和团聚，通过在水中添加表面活性剂或对石墨烯表面进行改性能达到这一目的。

50

将石墨烯分散在水中，它们会不会自发地叠在一起变成石墨？

石墨烯分散在水中，不会自发地叠在一起变成石墨。石墨是六方晶系的层状结构材料，可以看作一层层石墨烯以能量最稳定的方式有序堆叠而成，其中上层的碳原子总是处于下层碳原子组成的正六边形中心位置的正上方。分散在水中的石墨烯尺寸以亚微米到几十微米居多，它们自发团聚的堆叠方式往往比较随机和无序。一方面，对于石墨烯逐层堆叠的结构，碳原子的排布等很可能不符合石墨高度有序的结构特点，而这种结构一旦形成，想要转换为石墨就需要克服较强的层间范德瓦耳斯作用力，在室温下的水中很难实现。另一方面，由于石墨烯尺寸差异、片层卷曲、溶液扰动等因素，实际上在水中石墨烯片也不一定完全逐层堆叠，而往往会形成非层状的聚集体。因此把石墨烯分散在水中，往往只会得到相对无序的石墨烯团聚体，而不是石墨。

执笔人
张金灿

51

将两层石墨烯堆叠在一起，性质会有什么变化？

将两层石墨烯堆叠在一起会形成双层石墨烯，而其性质则取决于堆叠时两层石墨烯的相对位置和相对扭转角度。首先，堆叠方式可分为有序堆垛和无序堆垛两种，其中有序堆垛又根据第一层石墨烯中的碳原子与第二层石墨烯中碳原子的相对位置不同，分为 AB 堆垛和 AA 堆垛两种方式。AA 堆垛中上下两层碳原子完全重合，在热力学上不稳定。而当上层石墨烯的碳原子位于底层石墨烯碳原子形成的六元环的中心，此时称为 AB 堆垛双层石墨烯，其堆垛方式与石墨中层与层之间的堆垛方式一致，规定此时石墨烯层间相对扭转角度为零。AB 堆垛双层石墨烯具有抛物线形的能带结构，当在垂直于石墨烯平面的方向上施加电场时，可以在 AB 堆垛双层石墨烯中打开带隙。

在 AB 堆垛双层石墨烯的基础上，将其中一层旋转一定的角度，即形成扭转双层石墨烯（非 AB 堆垛石墨烯）。扭转角度的大小将决定非 AB 堆垛石墨烯的能带结构和性质。当扭转角度较大时，双层石墨烯层间耦合强度较弱，此时，双层石墨烯的能带结构类似于单层石墨烯，因此可以保持较高的载流子迁移率。当扭转角度较小时，层与层之间存在较强的耦合，这种耦合一定程度上会导致双层石墨烯的迁移率有所降低。

执笔人
林　立

52

将多层石墨烯堆叠在一起，就会得到石墨吗？

能否得到石墨取决于多层石墨烯的堆叠方式。将单层的石墨烯按照 AB 堆垛的方式周期性地堆叠起来可以得到石墨。

所谓 AB 堆垛方式，即上层石墨烯的碳原子位于底层石墨烯碳原子形成的六元环的中心。另外需要指出的是，在这一逐层堆垛过程中，石墨烯的能带结构和电子性质会发生变化，大约在十层左右以后就完全表现为石墨的性质了。因此目前石墨烯领域的一个不成文的共识是，十层以下的薄层石墨片可以笼统地称为石墨烯材料，更厚的就是传统的石墨材料了。所以从性质上看，如果将多层石墨烯堆叠在一起，层与层之间按照严格的 AB 堆垛方式，当堆叠的层数超过 10 层以后，就会得到石墨材料。

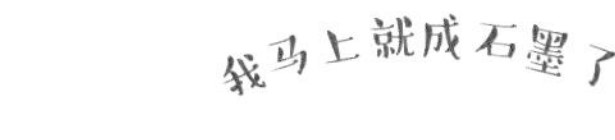

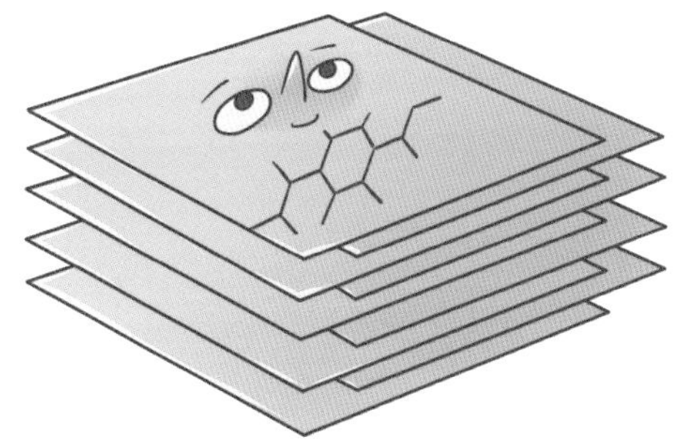

呜，我马上就成“草垛”了

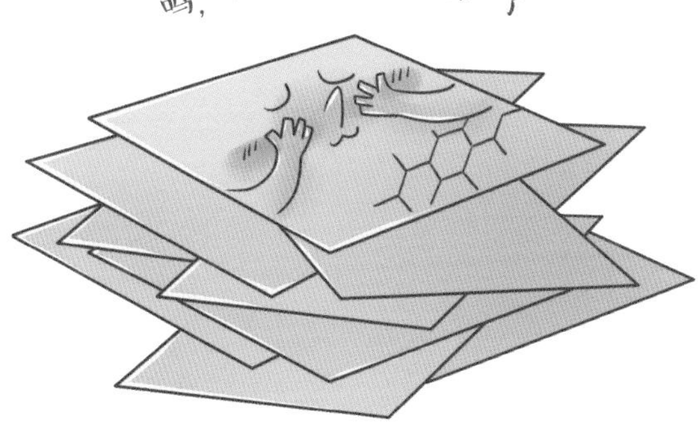

执笔人
林 立

有问必答：

石墨烯的魅力

第三部分

制备篇

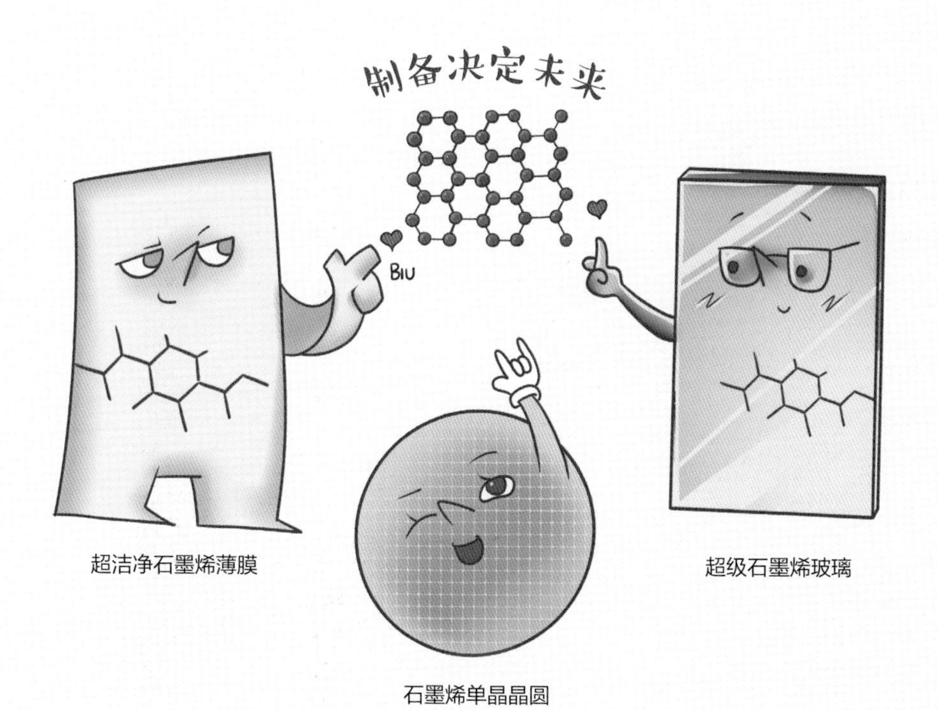

超洁净石墨烯薄膜

超级石墨烯玻璃

石墨烯单晶晶圆

53

自然界中存在石墨烯吗？

严格意义上讲，自然界中是不存在石墨烯的，但是存在石墨烯的母体——石墨。石墨烯可以看作是石墨的基本结构单元，但其性质和石墨有着明显的区别，是两种完全不同的材料。也就是说，尽管我们能从石墨中分离出单层的石墨烯，但是不能简单认为自然界中存在石墨烯。这好比我们能用小麦磨出面粉，但却不能说自然条件下就存在面粉。实际上，早期物理学家们甚至预测，像石墨烯这样的二维材料根本无法稳定存在。直至安德烈·海姆和康斯坦丁·诺沃肖洛夫将单层石墨烯从石墨中分离出来，才“打破”这一理论上的“紧箍咒”。当然，实际制备出来的石墨烯是依附于衬底上的，而在悬空的自支撑状态下，则会存在“波纹状”起伏，这是石墨烯能够稳定存在的原因。事实上，人们通过实验设计，已经可以制备出悬空状态的石墨烯薄膜，并可以在大气条件下稳定存在。

执笔人
孙禄钊

54

石墨烯是用胶带从石墨表面上撕下来的，这是真的吗？

用胶带就可以撕出石墨烯，看似不可思议，但这确实是真的。石墨可以看作是由无数的单层石墨烯堆叠而成的层状材料，其层间的相互作用力是比较弱的范德瓦耳斯力，远小于层内碳原子之间的结合力，这两者大概相差 80 倍。因此，只要施加的力合适，就可以将石墨烯剥离下来，并且不破坏它。这就好比是剥洋葱，我们很容易一层一层剥下来，但是每一层的洋葱都还是完好的。事实上，2004 年，安德烈 · 海姆和他的学生康斯坦丁 · 诺沃肖洛夫就是用胶带撕石墨的方法，得到了少层甚至单层的石墨烯，研究了其优异的物理性质，从而获得 2010 年诺贝尔物理学奖。

执笔人
王悦晨
孙禄钊

55

石墨烯是从石墨矿中提炼出来的吗？

天然产出的石墨矿，其主要成分为石墨，不是石墨烯，此外还有其他的氧化物杂质，例如氧化硅、氧化铝、氧化铁等，经过浮选、酸碱处理等一系列提纯工艺可以得到纯净的石墨。这些石墨矿“提炼”出来的高纯石墨，再经过后续的加工过程可以获得石墨烯。从石墨原料出发，可以采用液相剥离法或者氧化还原法获得单层或少层石墨烯，统称为“自上而下”的石墨烯制备方法，其优点是成本较低、易于批量化制备，缺点是存在结构缺陷和杂质、层数不可控等。

石墨矿

鳞片石墨

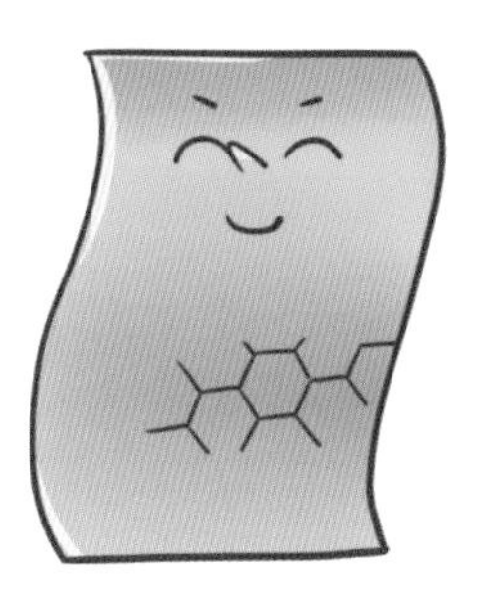

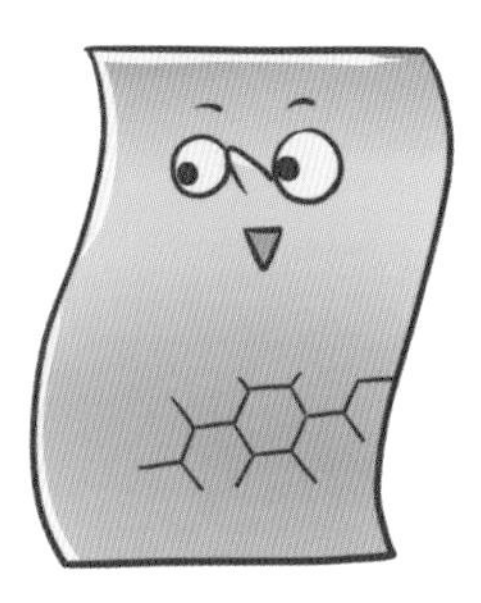

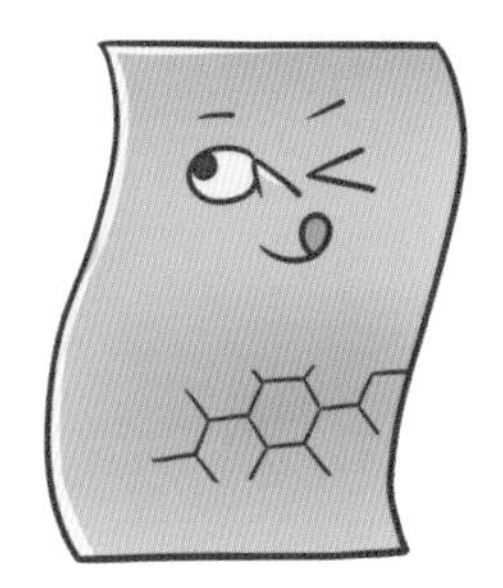

石墨烯

执笔人
孙丹萍

56

什么是氧化石墨烯？

氧化石墨烯（graphene oxide,GO）是一种在石墨烯骨架中引入含氧官能团的二维材料。引入的氧原子以共价键形式与碳原子连接，并将这些碳原子由石墨烯的 sp^2 杂化态转化为 sp^3 杂化态。大多数人对氧化石墨烯的关注始于“石墨烯热”之后，但其实氧化石墨烯的研究已经有一个多世纪的历史。早在 1855 年，Brodie 在法国《化学年鉴》的一篇短文中就报道了有关氧化石墨烯的工作。相关氧化石墨烯的制备方法研究一直持续至今，目前主要有三种制备方法：Brodie 法、Staudenmaier 法以及 Hummers 法。

氧化石墨烯的化学结构其实很复杂。1930 年，Thiele 首次对氧化石墨烯中的官能团做出描述并给出了第一个结构模型。1934 年，Hofmann 也提出了氧化石墨烯的结构模型。随着新的光谱分析手段的应用，氧化石墨烯的结构模型被多次修正。

需要强调的是，含氧官能团的引入，一方面破坏了石墨烯的理想的 π 电子共轭结构，使其由导体变为绝缘体。另一方面，这些官能团也赋予其亲水性等功能，因此氧化石墨烯可在水和一些低分子量醇类中形成稳定的胶体。人们利用这些具有化学活性的官能团，还可以实现氧化石墨烯与其他材料的共价键复合等。

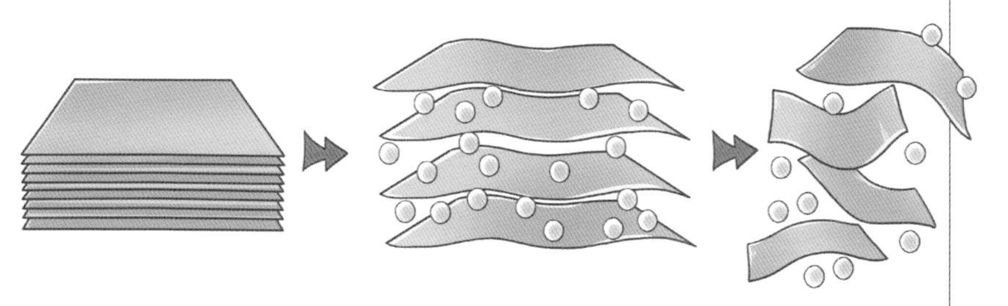

执笔人
孙丹萍

57

什么是还原氧化石墨烯？

顾名思义，还原氧化石墨烯（reduced graphene oxide, rGO）是指氧化石墨烯经化学还原后得到的产物。这是从石墨出发，利用氧化还原法制备的石墨烯粉体材料。还原剂通常为易失电子的化合物，还原过程即电子从还原剂转移到氧化石墨烯片层上之后，脱除氧、恢复碳骨架的过程。该过程产生的直观现象是，氧化石墨烯由黄棕色迅速变为黑色，片层堆叠、失去亲水性导致 rGO 团聚体析出沉降。化学还原后的 rGO 与完整的石墨烯相比，仍保留两种缺陷：一是残留的含氧官能团，大部分的羟基和环氧基能够被有效还原，而羰基很难被还原；二是孔洞，制备氧化石墨烯时氧化、水洗阶段均会产生 CO_2 导致碳骨架缺失，在片层内形成大量孔洞，还原时无法被修复。

当然，上述化学还原过程不同于加热或辐射对氧化石墨烯的脱氧反应，后者属于通常所说的“热还原”。热还原反应即氧化石墨烯中不同氧化价态的 $C^{(+1)}$ 和 $C^{(+2)}$ 通过热分解发生歧化反应，分别形成 rGO 骨架 C（0）以及副产物 $C^{(+2)}O$ 和 $C^{(+4)}O_2$。热还原温度在 500℃以上时，羰基发生热分解；700℃以上时，碳晶格重构。可见，化学还原过程为严格意义上的氧化还原反应，而热还原过程更为复杂，去除氧的同时会造成明显的碳骨架退化。氧化石墨烯前驱体和还原条件是决定 rGO 结构的两大主要因素。

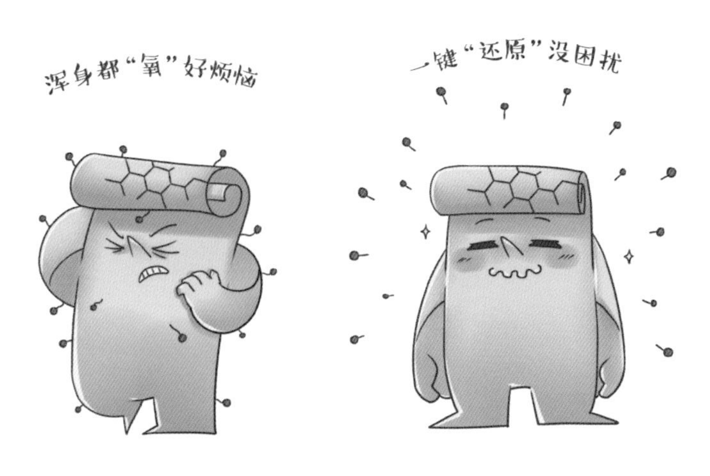

执笔人
孙丹萍

58

液相剥离法制备石墨烯的原理是什么？

液相剥离是在溶剂环境中通过高速剪切、空化等作用，破坏石墨层间的范德瓦耳斯作用力，使得石墨烯片层从石墨颗粒表面逐渐剥落到溶剂中，形成稳定的石墨烯分散液。不难想象，该过程中石墨表层的石墨烯层同时受到石墨内部晶格层间作用力以及与溶剂界面的溶剂化作用力，可看作两种作用力之间的较量。那么，一方面利用高速乳化、球磨和超重力旋转等产生的高剪切作用，或超声波、高压微射流产生的空化作用均能达到削弱石墨晶格层间作用力的目的。另一方面，依据表面张力相似理论，选用表面张力与石墨烯接近的溶剂，使剥离下来的石墨烯片层在溶剂中维持稳定。石墨烯的表面能和溶剂的表面能越接近，越易剥离。液相剥离可以得到较完美的石墨烯，但产率非常低，适用的有机溶剂种类少、毒性大。

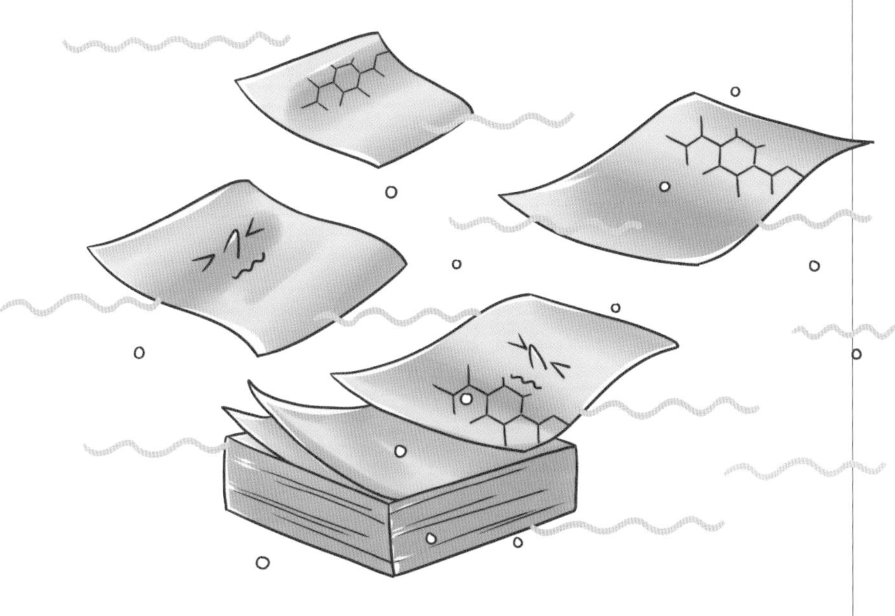

执笔人
孙丹萍

59

化学气相沉积法制备石墨烯是怎么回事？

执笔人
李杨立志

化学气相沉积法是一种制备固体薄膜材料或者涂层的方法，广泛应用于半导体工业。化学气相沉积法也是制备石墨烯薄膜材料最常用的主流方法，简称 CVD 法。通常需要一台高温炉子，在 1000℃左右的高温条件下通入碳源（最常用的是甲烷气体），就会在生长衬底（最常用的是铜箔）上发生碳源的裂解反应、表面扩散及成核生长等过程，最后在衬底表面沉积上一层石墨烯薄膜。选用不同的衬底，石墨烯的生长行为也不尽相同，在铜箔表面，通常可以长出来单层石墨烯；而在金属镍表面，长出来的石墨烯常常具有多层结构。

60

在金属表面上高温生长石墨烯时，金属起什么作用？

在金属表面上高温生长石墨烯时，金属主要起两个方面的作用，其一是作为石墨烯生长的支撑衬底，其二是作为催化剂降低反应发生的能垒和石墨化温度。一方面，由于石墨烯是单层碳原子组成的二维纳米材料，随着生长面积的增加，其表面能会逐渐增大，理论上这种自支撑性的二维材料不可能稳定地直接生长出来，需要三维的支撑衬底存在，而常用的金属铜箔就起到这样的作用，即让二维石墨烯薄膜生长在三维铜箔表面上。另一方面，在金属衬底表面，会发生一系列基元过程，包括碳源的裂解反应、碳活性基团的吸附和扩散迁移以及石墨烯的成核、长大和拼接过程。实际上，石墨烯的生长并不是一蹴而就的，各个基元步骤的发生都需要克服一定的能垒，这也是石墨烯生长需要在高温下进行的主要原因。例如，当用甲烷作为生长碳源时，热裂解所需的反应温度高达 1200℃，但在金属衬底的催化作用下，可以使这个裂解温度明显降低，在铜箔表面可降低到 1000℃左右甚至更低。与此同时，通常石墨化温度非常高，在 2000~3000℃，并且所需时间很长，而金属衬底可以有效降低石墨化温度，提高石墨化速度和生长速度。

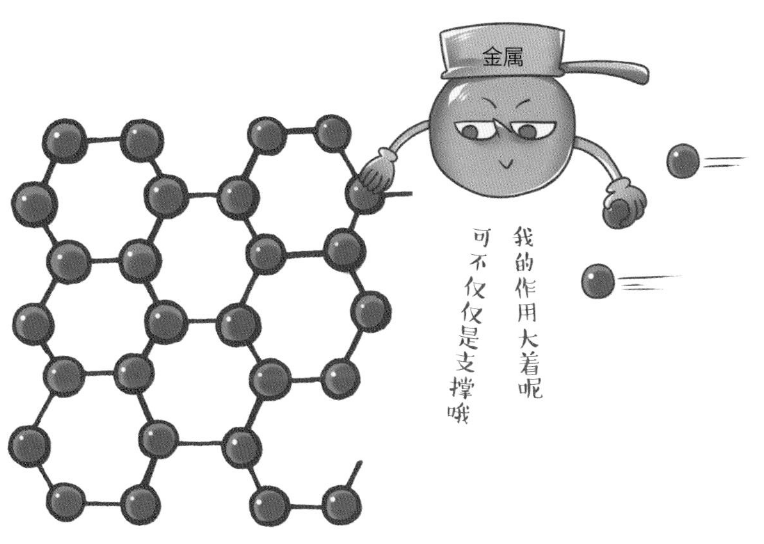

执笔人
贾开诚

61

单原子层厚的石墨烯真的能够工业生产出来吗？

虽然只有单原子层厚，科学家们仍然想出了制备单层石墨烯的方法，并且已经能够实现规模化的生产。这种方法的诀窍是将金属铜作为衬底。具体而言，就是将铜放到高温（1000℃）的炉子中，通入含碳的气态有机物，这些有机物在高温和金属铜的催化作用下会分解形成高活性的碳碎片。在一定条件下，这些碳碎片会优先紧挨着铜表面排列，形成石墨烯，就如同苔藓贴着地面生长一样。非常有意思的是，当石墨烯将铜完全覆盖之后，生长会自动停止，就好像营养物质被消耗殆尽了似的。金属铜的另一个特点是，在高温下几乎不溶解碳，也不和碳发生反应。因此，基本上不存在溶解在体相铜衬底中的碳原子析出生成多层石墨烯的可能性。这使得铜在各种金属（如镍等）中脱颖而出，成为制备单层石墨烯的首选衬底材料。事实上，最新统计显示，我国石墨烯薄膜的年产能已经达到650万平方米。

执笔人
孙禄钊

62

石墨烯粉体可以像『下雪』一样制备吗？

石墨烯粉体是可以像“下雪”一样制备的。直观理解“下雪”，就是石墨烯粉体直接在气相中成核与生长，然后飘下来的一种制备过程，描述的是石墨烯粉体的一种生长方式。北京大学张锦课题组使用家用微波炉作为生长设备，利用电介质在微波激励下的常压电晕放电过程产生极高的温度，可以直接实现碳源在气相中裂解、成核以及生长，制备的石墨烯既不需要生长基底、也不依赖催化剂的辅助，可直接随气流飘离体系或者是飘落下来，宛如“下雪”一般。如果仅从“下雪”制备角度来理解，其他的方法比如可燃性气体（如乙炔）与氧气的爆燃、电弧放电法或者是常压等离子体法等都可以实现“下雪”一样制备石墨烯粉体。

执笔人
孙阳勇
张　锦

63

石墨烯能用玉米芯生产出来吗？

执笔人
李杨立志

石墨烯是由单层碳原子构成的二维原子晶体材料，理论上讲，含有碳元素的原材料都有可能作为生产石墨烯的原料，核心问题是找到层数控制的有效方法。玉米芯中含有丰富的纤维素、半纤维素和木质素，主要由碳、氧、氢等元素组成，因此不能排除作为生产石墨烯原料的可能性，一切取决于制备技术和制备工艺，其中一个无法回避的挑战是如何控制生成单层或少层石墨烯，这个难度是可想而知的。事实上，已经有一些利用生物质材料制备石墨烯的相关报道。早在 2011 年，美国莱斯大学的 James M. Tour 研究团队就利用一些含碳的廉价原材料，例如食物、塑料甚至宠物狗的排泄物等作为固态碳源通过高温处理获得了石墨烯薄膜。需要强调的是，含碳物质在足够高的温度下发生碳化和石墨化是常见的现象，但石墨化不等于石墨烯化，此类生物质固态碳源制备石墨烯的方法存在诸多挑战，包括层数控制难、缺陷密度大及非碳杂质残留等。

64

“焦耳热闪蒸法”制备石墨烯有前途吗？

“焦耳热闪蒸法”是美国莱斯大学 James M. Tour 研究团队新近报道的一种合成石墨烯的新方法，据称能够将各种垃圾碳源转变为高价值的石墨烯材料。这种方法制备的石墨烯被称为“闪蒸石墨烯”，具有乱层堆叠结构，层与层之间的堆叠有序性较差。通常非晶碳材料的石墨化过程需要 2000~3000 ℃的高温，耗时长，能量消耗大。“焦耳热闪蒸法”利用电流直接加热方式，通过瞬间产生的焦耳热，将原材料升温至大约 3000 K（约 2730 ℃）石墨化，使其快速转变为石墨烯。研究表明，石油焦炭、煤炭、炭黑、食品废弃物、橡胶轮胎、塑料垃圾等廉价含碳材料均可用作碳源，通过焦耳热闪蒸法制备出具有乱层堆叠结构的石墨烯粉体材料。据称，这种制备方法能量利用率高，每千克石墨烯仅需两度电，可大幅降低制备成本，且节能环保，不产生有害物质。而且，这种闪蒸石墨烯的层间无序取向有助于快速剥离，可用作塑料、金属、陶瓷等复合增强材料的低成本添加剂，实现“变废为宝”的目的。但是，需要指出的是，该方法目前尚处于实验室研究阶段，仅能实现克量级的样品制备，想要实现千克级乃至吨级的量产，还需要考虑工艺放大过程中存在的诸多问题，包括规模化原料的通电方式、产物均匀性和批次稳定性、层数控制以及非碳杂质残留等。应该说，这只是制备具有特殊结构的石墨烯粉体材料的一种技术路线，绝不可能包打天下，在规模化生产方面也不能盲目乐观。

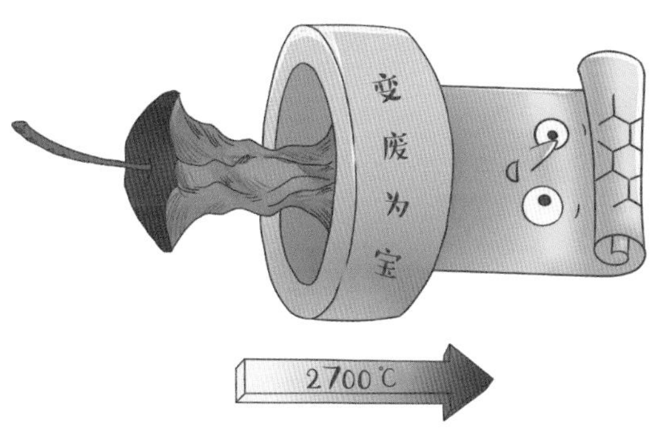

执笔人
张金灿

65

石墨烯能用普通的有机合成方法制备出来吗？

答案是可以的。从石墨烯的晶格结构可以看到，石墨烯是由 sp^2 杂化的碳原子构成的蜂窝状二维原子晶体，可以看作是由许多苯环连接形成的稠环芳烃，所以理论上可以通过有机合成的方法，用苯环像拼图一样把石墨烯拼出来。当然，实际的有机合成过程要更加的精巧和复杂。首先，有机化学家们会对带有苯环的小分子前驱体的结构进行精心设计，比如通过环加成反应在苯环周围连接一些烃基、卤素等官能团，类似于拼图的零片边缘会有一些凸起和凹陷，以实现更好的拼接。接着，通过偶联反应将这些小分子前驱体连接在一起，形成大的聚苯高分子。此时，聚苯高分子已经有了石墨烯的雏形。最后，再利用环化脱氢等反应对聚苯高分子进行“修剪”，包括去除里面多余的氢原子，将碳链闭合成六元环等，最终就可以得到石墨烯。目前，有机化学家们已经实现了石墨烯纳米带、石墨烯纳米片、纳米多孔石墨烯等多种结构的可控制备。但需要指出的是，随着石墨烯尺寸的增加，其在溶剂中的溶解度会降低，导致合成反应的终止，所以通过有机合成方法制备出的石墨烯的尺寸一般是纳米尺度的，很难做得很大。如果想得到真正大面积的石墨烯薄膜，还是需要最常用的化学气相沉积方法。

执笔人
贾开诚

66

能够在塑料薄膜上直接生长出石墨烯吗？

从目前的研究报道来看，塑料薄膜上还不能直接生长出石墨烯。通常来说，石墨烯是在 1000℃左右的高温炉子里面烧出来的。这是因为石墨烯的生长需要克服很高的能垒，所以要提高炉温来保证足够的能量供给。但是塑料薄膜的熔融温度一般很低，比如常用的聚乙烯、聚氯乙烯、聚丙烯塑料的熔融温度都不超过 200℃。即使是有“塑料王”之称的聚四氟乙烯塑料，其使用温度也不超过 260℃。尽管有文献报道可以在 100℃或 150℃的温度下实现塑料衬底上石墨烯的生长，但需要注意的是，他们在生长石墨烯之前在塑料上镀了一层金属镓或钛，还预先在 1000℃以上辅助石墨烯成核或碳源裂解，所以并非直接在塑料上生长石墨烯，而是生长在塑料上的金属表面。那么不使用金属，还有没有办法可以降低石墨烯的生长温度呢？科学家们发现在石墨烯的生长过程中，利用等离子体促进碳源的裂解，形成高反应活性的碳物种，可以将石墨烯的生长温度降低至 400~600℃。尽管如此，这个温度仍然无法满足在塑料上生长石墨烯的要求，所以目前人们还是更多地在金属表面高温生长出石墨烯，再转移到塑料薄膜上使用。

执笔人
贾开诚

67

能够直接生长出石墨烯单晶晶圆吗？

石墨烯单晶晶圆是石墨烯在高性能电子器件领域应用的材料基础。通常而言，半导体单晶晶圆的制备有两种方法。一种是先制备块体的单晶，然后通过切割抛光等一系列的工艺得到单晶晶圆，例如硅单晶晶圆；另一种是采用合适的单晶外延衬底，然后采用外延生长的方法得到单晶薄膜，例如蓝宝石基底上外延氮化镓单晶晶圆。石墨烯单晶晶圆的生长与后者有一定的类似之处，依赖于合适的单晶衬底。在具有固定外延关系的衬底上石墨烯取向一致成核，外延长大，最终无缝拼接形成石墨烯单晶晶圆。目前国内外已经有多个实验室实现了不同尺寸的石墨烯单晶晶圆生长，代表性的工作包括：2014 年韩国成均馆大学 Dongmok Whang 课题组采用 Ge(110) 单晶衬底，实现了 2 英寸石墨烯单晶晶圆的生长；2016 年韩国成均馆大学 Young Hee Lee 课题组采用 Cu(111) 单晶衬底，实现了 2 英寸石墨烯单晶晶圆的生长；2017 年北京大学彭海琳 / 刘忠范课题组采用 Cu(111) 单晶衬底，实现了 4 英寸石墨烯单晶晶圆的生长；2019 年中国科学院上海微系统与信息技术研究所谢晓明课题组采用 CuNi(111) 单晶衬底，实现了 6 英寸石墨烯单晶晶圆的生长等。而在规模化制备方面，2019 年，北京石墨烯研究院(BGI)研制成功基于 Cu(111) 外延技术的批量生长装备，在全球首次实现了 4~6 英寸石墨烯单晶晶圆的中试规模制备。

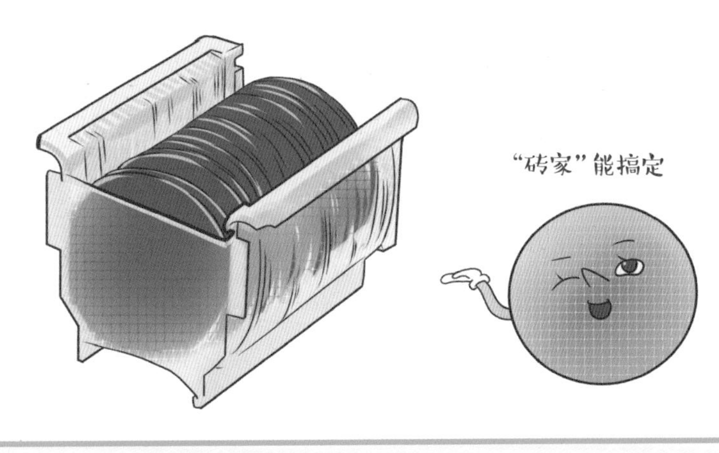

执笔人
邓　兵

68

什么是超洁净石墨烯？

使用常规化学气相沉积方法高温生长石墨烯薄膜的过程中，会有很多副反应发生，使得石墨烯表面被大量无定形碳覆盖，这种难以避免的无定形碳污染现象属于“先天性的”“本征污染”，不同于置于大气环境中带来的“后天性”污染。这种“本征污染”常常伴随着石墨烯薄膜自身结构缺陷的产生，导致石墨烯质量严重降低。另一方面，金属衬底上生长的石墨烯薄膜，通常需要利用各种物理化学手段，转移到目标衬底上使用。“本征污染”的存在，会造成转移后的石墨烯薄膜表面更脏，存在很多与转移介质相关的残留物，也会影响石墨烯优异性能的发挥和后续应用。针对这种“本征污染”问题，北京大学刘忠范研究团队发展了一系列新的化学气相沉积生长方法和后处理技术，成功地制备出“超洁净石墨烯”。例如，他们利用泡沫铜辅助生长方法，制备出无本征污染的超洁净石墨烯薄膜；他们还研制出基于二氧化碳弱氧化技术的超洁净石墨烯薄膜的规模化制备装备。研究表明，超洁净石墨烯显示出接近理论极限的优异的物理化学特性，如最高的载流子迁移率、最高的机械强度、最低的面电阻以及超低接触电阻等，代表着石墨烯薄膜材料制备技术的发展前沿。

执笔人
张金灿

69

超洁净石墨烯薄膜的制备方法有哪些？

执笔人
刘晓婷

已经报道的制备方法主要分为两类：一类是助催化直接生长法；另一类是后处理选择性去除法。化学气相沉积法生长石墨烯薄膜时，气相中存在着大量不能充分裂解的活性碳氢物种，它们会参与很多副反应，进而不断聚集在石墨烯表面形成无定形碳污染物。助催化直接生长法是向高温反应腔中提供额外的金属催化剂，辅助降低碳源裂解势垒和抑制副反应发生。一个代表性的例子是泡沫铜辅助直接生长方法，利用泡沫铜比表面积大、能在高温低压下挥发出大量铜蒸气的特点，向反应腔中引入金属铜蒸气辅助催化剂。另一个制备方法是采用含金属碳源，如醋酸铜，在还原性高温反应条件下同时产生金属铜蒸气和活性含碳物种，也可以达到抑制“本征污染”的效果。

后处理选择性去除法又可以分为化学清洁法和物理清洁法。前者主要是基于石墨烯和无定形碳反应活性的差异，通过选择合适的氧化剂，对无定形碳进行选择性刻蚀。二氧化碳是一种温和的刻蚀剂，在450~550℃温度区间内可以显示出良好的选择性刻蚀效果。物理清洁法不涉及化学反应，所需处理温度更低。比如，北京大学刘忠范研究团队利用多孔活性炭与无定形碳之间的作用力强于无定形碳与石墨烯之间的作用力的特点，研制出一种“魔力粘毛辊”，类似日常生活中使用的粘毛辊子，可以方便地清除掉石墨烯表面的无定形碳污染物。这些方法得到的超洁净石墨烯薄膜均表现出优良的力热光电性质，为石墨烯材料的实际应用提供了进一步的材料基础。

70

什么是泡沫石墨烯？它是怎么制备出来的？

泡沫石墨烯是一类具有三维网络结构的宏观石墨烯材料。读者对此或许会产生疑问，石墨烯是典型的二维材料，为什么会有三维结构呢？其实，泡沫石墨烯仍然是由少层的二维石墨烯连接形成的，其中“泡沫”一词源于其特殊的结构——气相与石墨烯组成的固相均为连续相，想象一下海绵的结构，将固态的部分换成石墨烯便是泡沫石墨烯的基本结构了。泡沫石墨烯具有丰富的孔隙和开放的孔道，这种结构避免了石墨烯片层间的由于较强的π-π相互作用引起的层与层之间的堆叠，可以使宏观的材料也发挥出石墨烯比表面积高的优势。除此之外，作为整体的泡沫石墨烯材料仍然保持着较高的导电性，易回收和重复利用。从泡沫石墨烯的材料物性和结构优势上我们可以看出，该材料适合应用在油水分离、电磁屏蔽以及电化学电极等领域。

泡沫石墨烯主要通过两种方法获得——组装法和合成法。组装法通常使用氧化石墨烯片作为原料，氧化石墨烯片在水热及其他化学还原的过程中可组装形成泡沫石墨烯；或通过将片状的少层石墨烯沉积在一些可以通过后续化学方法去除的三维模板上来实现三维多孔结构的构筑；现在科学家们利用3D打印技术，使用高分子粘连的方法，也打印出了泡沫石墨烯。合成法则是在有生长模板或者无模板的情况下，使用化学气相沉积技术，通过含碳前驱体直接生长或退火偏析得到泡沫石墨烯。其原理与在金属衬底上生长石墨烯薄膜完全一致，只是利用了特殊的模板（例如泡沫镍）而已，这时需要后处理去除金属模板。

执笔人
任华英

71

为什么人们追求在绝缘衬底上生长石墨烯？

执笔人
单婧媛

对于只有单原子层厚度的石墨烯薄膜来说，其自身是无法自支撑的，所以在实际应用中需要寻找合适的“载体”，蓝宝石、石英及普通玻璃等绝缘衬底就是石墨烯应用的良好载体。研究表明，石墨烯与绝缘衬底的结合可以起到“1+1>2”的效果，同时催生了许多新兴应用，例如透明导电电极、智能窗、触摸屏、新型 LED、传感器、电子与光电子器件等。一般情况下，人们是先利用化学气相沉积技术在铜箔衬底上生长一层石墨烯薄膜，然后通过汤汤水水的物理化学过程，将石墨烯从铜箔表面剥离下来，再转移到绝缘衬底上。这个剥离 - 转移过程是一个巨大的技术挑战，想象一下单个原子层厚度的石墨烯结构就很容易理解。而且，该过程很容易引入各种污染物，并可能造成石墨烯的褶皱和破损等问题。这种物理贴合方式也会造成石墨烯与绝缘衬底之间的结合不牢，甚至夹带气泡、污染物等。显而易见，如果能够直接在绝缘衬底上生长石墨烯薄膜，就可以完全避免上述问题，并且通过简化技术路线，降低材料成本。当然，由于绝缘衬底缺少催化活性，而且石墨烯的生长行为与金属衬底截然不同，因此，生长高质量的石墨烯薄膜也存在诸多技术挑战。

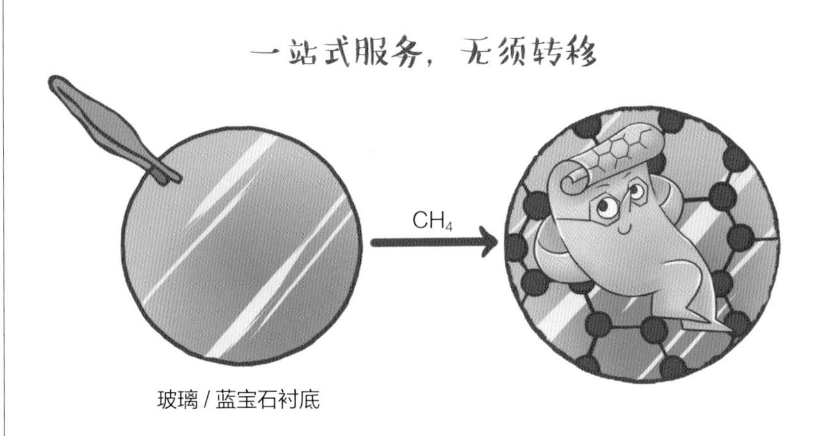

72

碳化硅表面外延生长法制备石墨烯是什么原理？有什么优缺点？

碳化硅（SiC）是由硅和碳以1:1组成的半导体材料。在高温和高真空环境下，碳化硅表面的硅元素比碳元素更容易升华，硅升华后仅留下碳元素，随后碳原子会发生重排，形成稳定的石墨烯层以降低自身能量。早在20世纪60年代，科学家们就在高温退火后的SiC上发现了薄层石墨，而21世纪初佐治亚理工学院Walter de Heer课题组的工作使其成为制备石墨烯薄膜的重要方法。理论上讲，SiC表面的石墨烯生长过程也属于外延生长，因为碳原子重排形成石墨烯的过程是受到衬底晶格取向影响的，尽管与传统的外延生长有所不同。

SiC外延生长法有其独特的优势。首先，SiC自身是宽禁带半导体，可以直接用作制备石墨烯电子器件的衬底，因此避免了极为复杂的石墨烯剥离-转移问题，这是金属衬底生长路线所无法比拟的优势。另外，该方法在高真空环境下进行，而且无须提供额外的碳源，可避免传统化学气相沉积生长过程中的“本征污染”问题，因此有助于获得清洁度很高的石墨烯薄膜，这也是电子器件加工所要求的。另一方面，这种方法的不足之处是硅的升华难以控制，因此不易控制石墨烯的层数。相对于简单的化学气相沉积系统来说，SiC外延生长技术较为复杂，成本偏高。

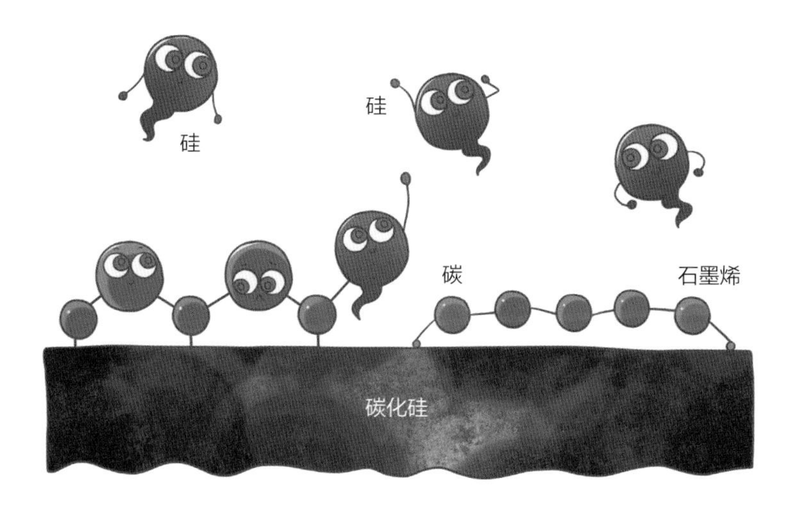

执笔人
单婧媛

73

什么是超级石墨烯玻璃？

执笔人
崔凌智

超级石墨烯玻璃，是通过在传统玻璃表面直接生长石墨烯薄膜形成的新型导电导热玻璃，也是传统玻璃大家族的新成员。超级石墨烯玻璃是北京大学刘忠范研究团队最早提出来的概念，现已成为石墨烯领域的重要研究方向。玻璃作为最古老的透明装饰材料，拥有逾 5000 年的发展历史。如今，玻璃已经成为人类生活中不可或缺的材料，从建筑家居到电视、手机、电脑等高科技产业，几乎无处不在。将石墨烯与玻璃结合，既能够保持玻璃本身透光性好的优点，又能够赋予其导电性、导热性等石墨烯所具有的独特优势，可谓是“强强联合”，可以给人们带来广阔的想象空间。这种新型玻璃兼具透明性、导电性、导热性和生物相容性等诸多特性，催生出了一系列全新的应用，包括智能窗、智能投影幕布、触摸屏、透明加热片、防雾视窗、高效细胞培养皿、光学传感器、透明天线以及透明集成电路等，为传统玻璃产业的升级换代开辟了新的路径。

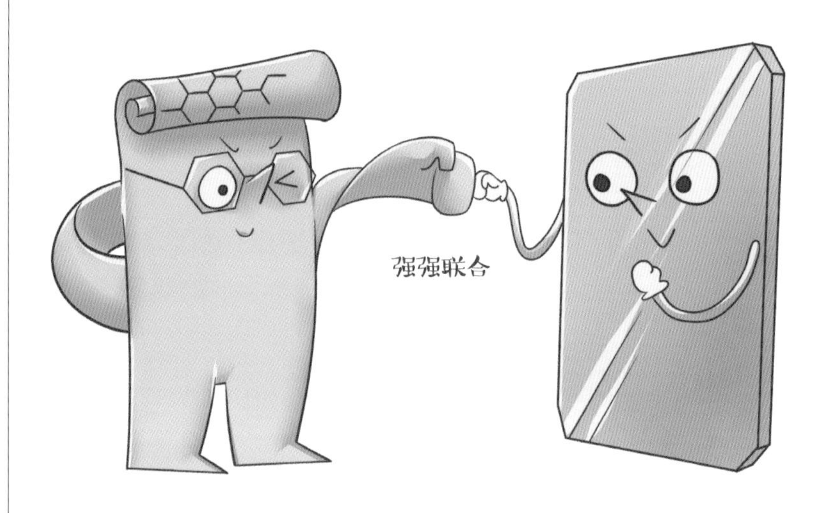

74

玻璃表面上能够直接生长出石墨烯吗？

在传统玻璃表面直接生长石墨烯是一件极具挑战性的事情。通常情况下，人们利用化学气相沉积方法，在金属表面上生长石墨烯薄膜，金属衬底扮演着“催化剂”的角色，可有效降低碳源的裂解温度和石墨化温度，并促进石墨烯的快速生长。而玻璃表面完全不同的化学属性和非晶特点，使其缺少这种“催化活性”，生长过程也变得非常复杂。北京大学刘忠范研究团队在国际上率先实现了玻璃表面上石墨烯薄膜的直接生长，制备出了超级石墨烯玻璃，实现了传统玻璃和石墨烯新材料的完美结合。针对不同软化点的玻璃，该团队发展了多种技术路线，其中包括：高温热CVD法、熔融态CVD法、等离子体增强CVD法等，实现了石墨烯在任意玻璃上的直接生长。目前，已经实现万平方米级的石墨烯玻璃制备年产能，在石墨烯玻璃生产装备研发方面也取得重要突破。

“大砖家的杰作”

执笔人
崔凌智

75

双层石墨烯能够用直接生长方法制备出来吗？

执笔人
王　欢

顾名思义，双层石墨烯是由两片单层石墨烯堆叠而成的结构。能否利用化学气相沉积方法直接生长双层石墨烯，需要考量以下两个标准：①均匀性，即能否生长100%覆盖度且严格的双层石墨烯；②两层石墨烯之间的堆垛方式，即能否得到完全AB堆垛或者具有相同层间扭转角度的双层石墨烯。在高温生长条件下，有序堆垛的AB双层石墨烯比扭转双层石墨烯具有更好的热力学稳定性，因此直接生长出AB堆垛双层石墨烯更易实现。然而，其难点是如何获得大尺寸且均匀的双层石墨烯薄膜，具体的方法根据第二层石墨烯生长时所需的碳源（食物）是从上方、侧面还是下方供给而异。上方供给碳源时，第二层石墨烯生长在第一层上面，两层石墨烯之间具有较严格的取向关系，但衬底的催化活性会因第一层石墨烯覆盖而降低，引起“食物”的局部供给量不足，从而导致第二层石墨烯难以长大，因此关键是如何保证碳源的可持续供给。

石墨烯 twins

对于侧向供给，高氢气分压会导致第一层石墨烯边缘和衬底之间产生“间隙”，从而使碳源可从侧面“乘虚而入”，供给第二层石墨烯在边缘处向内部生长，但高氢气分压也会导致第二层石墨烯边缘与衬底脱离进而引发多层石墨烯的生长，因此氢气分压的控制极为重要。下方供给是指碳源从衬底体相析出或者从衬底背面扩散过来，供给第二层石墨烯的生长，如何保证碳源可持续并均匀析出是关键，需要合理设计与调控衬底组分、厚度和降温速率。在后两种碳源供给方式中，第二层石墨烯的生长受到下方衬底和上层石墨烯的双重影响，因此衬底的表面性质需特殊优化，以获得具有严格取向关系的双层石墨烯。相信在不远的将来，经过科研人员的不懈努力，晶圆级有序堆垛的双层石墨烯生长技术会取得突破。

76

能否通过直接生长方法控制双层石墨烯的扭转角度？

扭转双层石墨烯是指两层石墨烯的晶格取向存在一个扭转角度（θ），其中，$0 < \theta \leq 30°$。扭转双层石墨烯的能带结构和性质与扭转角度密切相关，例如，只有扭转角度约为 1.1° 的魔角双层石墨烯才能够产生超导态，而扭转角度为 30° 的双层石墨烯被证明是一种具有十二边形旋转有序度的准晶结构。利用直接高温生长方法，制备具有特定扭转角度的扭转双层石墨烯是人们追求的目标。虽然理论上讲，有序堆垛的 AB 双层石墨烯比扭转双层石墨烯具有更好的热稳定性，但通过控制生长的动力学条件，使第二层石墨烯成核的主要诱导因素异于第一层石墨烯，是可以直接生长出扭转双层石墨烯的。尤其在碳源通过侧向或下方供给第二层石墨烯生长时，第一层石墨烯对第二层石墨烯的成核缺少有效诱导，通过进一步调控衬底的台阶和晶面等性质，使两层石墨烯的成核行为有一定差异，即可获得晶格取向不一致的扭转双层石墨烯。但由于热力学稳定性与扭转角度没有强烈的依赖关系，普通工艺制备的双层石墨烯扭转角度会在 0~30° 之间随机出现。因此，直接生长出具有特定扭转角度的双层石墨烯具有很大的挑战性。事实上，科学家们已经在 4H-SiC（0001）衬底上大面积精准生长出了 30° 扭转角度的双层石墨烯准晶，进一步打开了直接生长法制备特定扭转角度的双层石墨烯的希望之门。

执笔人
王 欢

77

为什么需要将石墨烯薄膜从金属生长衬底上剥离下来？

众所周知，石墨烯具有诸多优异的特性。经过多年来的努力，人们已经突破了在金属表面生长高质量石墨烯薄膜的技术壁垒，并实现了规模化制备。但是，在许多实际应用中，金属衬底是个障碍物，石墨烯优良的导电、导热特性等也会淹没在金属衬底的“汪洋大海”之中，无法得到真正的发挥。因此，根据不同的应用需求，需要将石墨烯从金属衬底上剥离下来，转移到各种目标衬底上。例如，当石墨烯用作柔性透明导电薄膜时，需要将其转移到柔性透明的塑料衬底上；当石墨烯用作电子器件时，需要转移到带有一定厚度氧化层的硅衬底上；等等。

执笔人
张金灿

78

聚合物辅助转移法的基本原理是什么？

在高温条件下利用化学气相沉积方法获得的石墨烯薄膜，通常需要从金属生长衬底表面剥离下来，转移到目标基底上。发展石墨烯从生长衬底表面的剥离 - 转移方法极为重要，是制约石墨烯薄膜实用化的瓶颈之一。由于单原子层厚度的石墨烯薄膜无法自支撑，因此在剥离与转移过程中需要转移媒介。这种转移媒介一般是聚合物薄膜，常用的有：聚甲基丙烯酸甲酯（PMMA）、聚二甲基硅氧烷、松香等。以 PMMA 为例，基本做法是：①将 PMMA 旋涂在石墨烯表面后固化成膜；②除去金属衬底，得到便于操作、转移的较厚的 PMMA/ 石墨烯薄膜；③置于目标基底上，通过加热等方法让石墨烯与目标基底紧密贴合；④用丙酮等有机溶剂溶解掉 PMMA，最后获得石墨烯 / 目标衬底。除去金属衬底的方法主要有两种：一种是利用化学刻蚀液直接融掉铜箔等金属衬底；另一种是利用电化学鼓泡法实现衬底的非破坏性剥离。

我们不生产石墨烯，
我们只是石墨烯的搬运工

执笔人
宋雨晴

79

电化学鼓泡法剥离－转移石墨烯的原理是什么？

电化学鼓泡法巧妙地利用了电解水原理，通过在石墨烯与生长衬底界面处不断产生氢气气泡，来削弱石墨烯与金属衬底之间的作用力，从而实现剥离的目的。以生长在铜箔表面的石墨烯剥离为例，通常做法是，先将PMMA（聚甲基丙烯酸甲酯）旋涂到石墨烯/Cu衬底上作为转移过程中的支撑媒介，再将得到的PMMA/石墨烯/铜箔作为阴极置入电解池中进行水的电解，可选用金属铂作为阳极、氢氧化钠水溶液作为电解液。在电解过程中，石墨烯和铜箔衬底界面处产生大量的氢气气泡，诱导PMMA/石墨烯薄膜与铜箔快速分离。然后，将PMMA/石墨烯薄膜转移到目标基底上，按前述方法溶解除去PMMA支撑媒介即可。电化学鼓泡法具有快速、高效、衬底可重复利用、低污染、低能耗及低成本等优势。需要注意的是，电化学鼓泡法产生的大量气泡对石墨烯薄膜具有一定的机械破坏作用，可能导致转移后的石墨烯存在一定程度的破损。

执笔人
宋雨晴

80

什么是石墨烯纤维？

石墨烯是由碳原子通过共价键连接而成的具有六角蜂窝状结构的二维原子晶体材料，有着优异的力学、光学、电学和热学性能。石墨烯纤维则是由石墨烯结构基元沿某一特定的方向紧密有序排列形成的纤维状材料。2011 年，浙江大学高超课题组利用湿法纺丝技术首次制备出石墨烯纤维。已有研究表明，石墨烯纤维可在一维方向上显示出石墨烯独特的物理化学性质，具有高电导率（约 10^6 S/m，接近金属的电导率）、高热导率［约 1600 W/（m·K），是铜热导率的 4 倍］和优异的力学性能（拉伸强度 >2 GPa，杨氏模量 >300 GPa，与碳纤维力学性能相当）。随着石墨烯纤维制备技术的不断发展，石墨烯纤维的性能有望进一步提升，成为强度可与碳纤维媲美且具有优良导电、导热性能的新一代纤维材料。

执笔人
程　熠

81 什么是石墨烯玻璃纤维？

玻璃纤维是一种由硅酸盐原料（如石英砂、白云石、叶蜡石）经过高温熔融拉制而成的纤维材料，其单丝直径一般在几微米到几十微米范围内（约为人体头发丝直径的几分之一到几十分之一），而每束纤维原丝又由成百上千根单丝组成。玻璃纤维具有优异的机械性能、电绝缘性能、耐热性能和耐腐蚀性能，常用作增强材料、电绝缘材料、保温阻燃材料等。

石墨烯玻璃纤维是指通过物理涂覆或化学气相沉积等方法，在玻璃纤维表面包覆石墨烯而得到的一种新型复合材料。这种复合材料兼具玻璃纤维的机械强度和石墨烯优异的导电、导热特性，有着广阔的应用前景。北京大学刘忠范课题组率先利用化学气相沉积法，在传统玻璃纤维表面直接高温生长出厚度可控的石墨烯包覆层，成功制备出具有广阔应用前景的石墨烯玻璃纤维材料。研究表明，这种新型石墨烯玻璃纤维材料具有超快电热转换速率和远高于普通电阻丝的电热转换效率，有望引领电热领域的变革性技术。

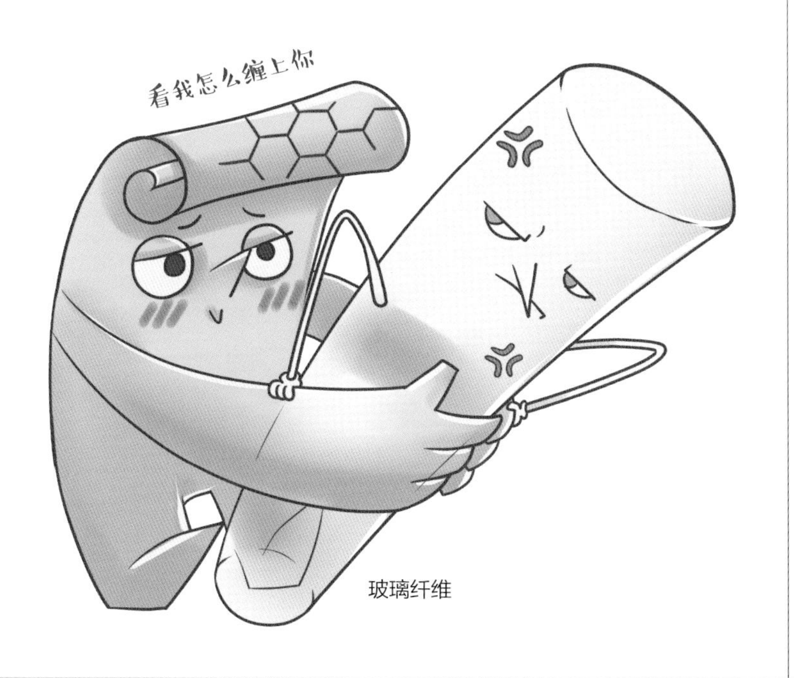

执笔人
程 熠

82

石墨烯纤维是如何制备出来的？

石墨烯纤维的制备一般是通过石墨烯或氧化石墨烯的定向组装而实现的。纺丝法是目前制备石墨烯纤维最普遍采用的方法，具体步骤是将液晶相的氧化石墨烯分散液通过喷丝孔挤出并注入凝固浴（或热空气）中形成凝胶纤维，后续经过水洗、拉伸、干燥、还原等步骤得到石墨烯纤维。该方法具有操作简单、条件温和、纤维连续性好、易规模化制备等优点。除纺丝法外，已报道的石墨烯纤维的制备方法还包括：①一步水热法，将氧化石墨烯溶液注入毛细石英管中水热还原；②薄膜加捻法，借助加捻工艺对氧化石墨烯薄膜进行加捻处理，然后干燥、还原；③电泳沉积法，利用电场诱导氧化石墨烯在针尖端面处自组装成纤维而后还原；④模板化学气相沉积法，在纤维状模板表面高温生长石墨烯薄膜，然后除去生长模板。上述制备石墨烯纤维的方法大都以氧化石墨烯为前驱体，后续均需经历化学还原过程。值得一提的是高温还原（约 3000 ℃）处理法，该法可有效去除氧化石墨烯表面的含氧官能团、降低纤维中的结构缺陷、提高石墨烯片层的规整度，从而显著提升石墨烯纤维的拉伸强度、电导率、热导率等性能，是制备高性能石墨烯纤维的有效手段。

执笔人
程　熠

83 石墨烯纤维和碳纤维有什么不同？

石墨烯纤维和碳纤维均为碳基纤维，主要组成元素均为碳（>90%），密度相当（1.7~1.9 g/cm³，略小于石墨晶体的密度 2.2 g/cm³）。但两者在制备工艺和纤维的微观结构上存在着一定的差异。从制备工艺上看，碳纤维是以聚合物纤维（如聚丙烯腈、沥青、黏胶）作为前驱体，经过预氧化（180~300 ℃）、碳化（1200~1600 ℃）和高温石墨化（2000~3000 ℃）过程制备得到的。而石墨烯纤维是由石墨烯紧密有序排列形成的纤维状材料。石墨烯纤维典型的制备方法是以液晶相的氧化石墨烯作为前驱体，通过纺丝的方法制备得到氧化石墨烯凝胶纤维，再经过水洗、拉伸、干燥和高温还原（约 3000 ℃）获得。通过调整纺丝工艺可获得不同形貌的石墨烯纤维（如中空、螺旋、多孔、带状）。同时，在制备过程中石墨烯还可以与功能性分子（如银纳米线、二氧化锰颗粒）复合，以实现石墨烯纤维性能的优化与功能的拓展。

从微观结构上看，碳纤维是由乱层结构的石墨微晶堆砌而成，石墨微晶的厚度为 4~10 nm（约 10~30 层石墨的厚度），微晶尺寸为 10~25 nm。而石墨烯纤维是由定向排列的石墨烯片层组装而成，其面内石墨烯片的尺寸（1~30 μm）是碳纤维中石墨微晶尺寸的近千倍，且片层排列有序度（>80%）远高于碳纤维。因此理论上讲，石墨烯纤维比碳纤维具有更加优异的导电和导热性以及可媲美的力学性能。

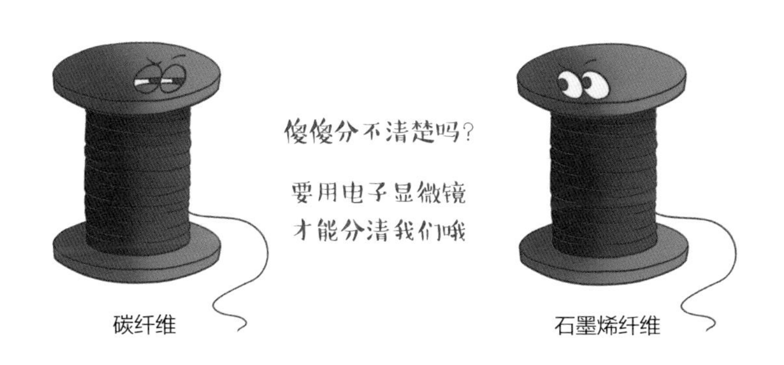

执笔人
程　熠

84

石墨烯粉体已经实现大规模生产了吗？

在2012—2014年的三年间，国内外数十家石墨烯生产企业实现了石墨烯粉体的规模化制备，形成了吨级甚至百吨级的石墨烯量产规模。石墨烯粉体批量化制备的主流技术是以石墨或膨胀石墨为原料逐层剥离的“自上而下”的方法，包括化学氧化插层剥离法、机械剥离法、超临界剥离法和电化学反应剥离法等。从生产工艺和产品特点看，欧美国家的石墨烯粉体的产业化制备主要布局无环境污染问题的机械剥离方法，他们更关注产品的导电性，得到的石墨烯片层相对较厚，层数大多在十层以上，严格意义上讲，属于粉体石墨微片，如XG Science（美国）、Angstron Materials（美国）和Thomas Swan（英国）等。过去十年时间，中国也涌现出一批石墨烯粉体材料制造企业，如第六元素（氧化还原法）、利特纳米（氧化还原法）、宝泰隆（氧化还原法）、厦门凯纳（机械剥离法）、德阳烯碳（机械剥离法）、宁波墨西（机械剥离法）、东莞鸿纳（机械剥离法）、青岛昊鑫（机械剥离法）、烯望科技（电化学剥离法）、墨之萃（超临界剥离法）等，已形成氧化石墨烯、还原氧化石墨烯（rGO）、石墨烯微片及其分散液等各种类型的产品。据公开资料显示，国内石墨烯粉体的单体项目设计年产能已率先从百吨级发展到千吨级规模，石墨烯（复合）导电浆料已有四家具备万吨级的年生产能力。

执笔人
孙丹萍

85

石墨烯粉体的生产过程会带来环境污染吗？

石墨烯粉体生产过程中产生的环境问题不能一概而论，因具体制备方法而异。一般情况下，“自下而上”的制备思路是绿色环保的，例如 2020 年初 Nature 报道的 Tour 等人利用焦耳热裂解碳源制备石墨烯的方法。尽管上述方法尚未形成规模化生产能力，但理论上可实现“三废”的零排放。然而，目前石墨烯粉体的主流规模化制备技术之一是氧化还原法，的确存在严重的环境污染风险。在氧化还原法生产工艺中，经强氧化剂高锰酸钾和浓硫酸氧化插层反应后，得到氧化石墨(烯)。这种氧化石墨(烯)需水洗纯化去除杂质离子，在洗涤过程中会产生大量的工业废水。这些废水一般由具有资质的废水处理厂回收处理，按量计费，处理成本高，这是限制该法制备石墨烯粉体进一步降低生产成本的重要原因。此外，在氧化石墨烯热脱氧的工艺环节中也会产生大量夹带少量极细碳颗粒的酸性废气，在高温条件下极易腐蚀金属管道，引入金属杂质。从节能减排的角度讲，如何实现氧化还原法“三废”的回收再利用、提高有效碳转化率，是该领域亟待解决的问题，也是规模化生产所面临的技术挑战。

执笔人
孙丹萍

86

石墨烯薄膜有没有实现大规模生产？

一种材料是否能实现大规模生产受限于技术和市场两个方面。从技术上讲，化学气相沉积（CVD）法最有潜力实现石墨烯薄膜的规模化生产。早在 2010 年，三星公司就制备出了 30 英寸大小的石墨烯薄膜。接着科学家和工程师们研制了很多规模化制备装备来提升石墨烯 CVD 薄膜的产能和石墨烯品质。随着石墨烯相关生产企业的不断增多，产能也在不断扩大之中。统计数据表明，2018 年国内石墨烯 CVD 薄膜的年产能已达到 650 万平方米。需要指出的是，“产能”和实际的“产量”不是一回事，后者涉及实际市场需求，目前还不是非常大。

执笔人
孙禄钊

87

石墨烯薄膜生产过程会带来环境污染吗？

相较于石墨烯粉体，石墨烯薄膜的生产更加环保。目前，最常用的石墨烯薄膜生产方法是化学气相沉积法，这个过程涉及高温下气体的化学反应和尾气的排放，这也是人们所关心的污染最有可能的来源。但是，一般来讲，生产石墨烯的原料气体主要为氢气、甲烷等无毒无害的气体。产生的尾气中绝大部分是未参与反应的原料气和少量气态有机物，也均为无毒无害的气体。在对尾气进行燃烧处理之后，得到的产物就是水和二氧化碳。若考虑温室气体的排放，一台年产能一万平方米的生产设备，二氧化碳的排放速率为 0.005 kg/h，仅仅相当于一辆小轿车排放量的万分之一。同时，尾气中也不存在悬浮颗粒物（如 $PM_{2.5}$）等其他污染物。因此，石墨烯薄膜生产过程可以视为无毒无害、绿色环保的过程。

执笔人
刘海洋
孙禄钊

88

目前石墨烯真的很贵吗？

目前市面上的石墨烯材料定价差别很大，与厂家、品质及采购量等诸多因素有关，尚未形成稳定的市场价格。从根本上讲，由于制备技术尚未完全过关，产品质量千差万别，甚至鱼龙混杂，这也反映出石墨烯产业的发展现状。另一方面，由于产业尚未成熟，产量和需求量也非常有限，导致石墨烯材料给人以价格很高的印象。就物理法制备的石墨烯粉体来说，大量购买时，价格为 1000~1500 元 / 千克；小批量购买时，价格在 10000~20000 元 / 千克。需要指出的是，粉体石墨烯的价格跟层数密切相关，对于物理法制备的厚层石墨（10~20 层）粉体，成本会降至 400~600 元 / 千克。相对而言，氧化还原法制备的层数较薄的石墨烯粉体材料（1~10 层），由于制备工艺相对复杂，其成本通常高于物理法，一般为 1500~2500 元 / 千克。对于化学气相沉积法制备的石墨烯薄膜材料，价格与质量高度关联：价格最低的是卷对卷生长工艺得到的石墨烯薄膜，其畴区尺寸较小（< 50 μm），约 500 元 / 平方米；而通过静态生长工艺得到的畴区尺寸较大（50~2000 μm）的石墨烯薄膜，约 3000 元 / 平方米；对于质量最高的四英寸单晶石墨烯晶圆来说，价格在 5000 元 / 片以上。

执笔人
付 捷

89 目前市场上的石墨烯材料都不太靠谱，这是真的吗？

2018年，《先进材料》（*Advanced Materials*）上发表了新加坡国立大学 Antonio H. Castro Neto 教授和石墨烯诺贝尔奖得主 Konstantin S. Novoselov 等人的文章。他们分析了来自美洲、亚洲和欧洲的60家公司的粉体石墨烯样品，发现大多数公司的样品中石墨烯含量低于10%，而且没有一家样品中石墨烯的含量超过50%。完美的石墨烯由100%的 sp^2 杂化碳原子构成，而实测都不超过60%。实际上，这个分析报告也从一个侧面反映了石墨烯材料制备领域和石墨烯产业的发展现状，鱼龙混杂、标准缺失，制备技术尚未过关。由于石墨烯材料本身质量不过关，甚至很多根本不是石墨烯，因此导致对石墨烯性能和产品的认识上的混乱现状。需要指出的是，利用高温化学气相沉积方法制备的石墨烯薄膜材料的情况完全不同，就技术发展现状而言，规模化生产单层石墨烯已经成为可能，尽管质量差别很大。制备决定未来，石墨烯粉体和薄膜材料的规模化生产尚有很大的发展空间，也是未来石墨烯产业的基石，需要科学家、工程师以及企业家们协同作战，久久为功。

执笔人
李杨立志

IV

有问必答：

石墨烯的魅力

第四部分

应用篇

90

石墨烯电池是怎么回事？

执笔人
杨全红

锂离子电池、铅酸电池以及锌锰干电池都是我们生活中常用的电池。目前，绝大部分“热搜”中所谓的“石墨烯电池”是电极中添加了石墨烯材料导电剂的锂离子电池，储能机理与目前的锂离子电池并无区别，并没有颠覆现有电池技术。以添加石墨烯导电剂的锂电池为例，其由正极、负极、隔膜、电解液四大部分构成，从原理上讲，石墨烯具有柔性的二维结构和高导电性，可以作为导电剂加入正极材料（如磷酸铁锂等）中，和现有主流的炭黑导电剂相比，可以构建更为高效的长程高导电网络，从而减少导电剂的用量，提升电池的能量密度和快充性能。石墨烯 + 锂离子电池≠石墨烯电池，因此，名字是不能乱起的。如果按照这个规则，那用碳纳米管和炭黑作导电剂的电池岂不是应该叫作碳纳米管电池和炭黑电池。

目前在市场上可以找到一款大量应用的“石墨烯电池”，它是添加了石墨烯的铅酸电池。在浆液中和极板上添加导电性好的石墨烯，可以增加电池的寿命和充放电速率。因此不论什么电池添加了石墨烯都叫作石墨烯电池，那电池岂不是都重名了？所以说，将添加了石墨烯的电池称作石墨烯电池是不合适的。

91

石墨烯电池充电8分钟，可以续航1000公里，这种说法靠谱吗？

这一数据是由《西班牙世界报》首次报道，称西班牙 Graphenano 公司和西班牙科尔多瓦大学合作研发石墨烯聚合物电池。经调研，该电池本质上是一种锂金属电池，实验室计算的能量密度可以达到 600 W · h/kg，是目前锂离子电池能量密度的 2~3 倍。然而，目前这种电池仍处于实验室阶段，难以量产。值得注意的是，目前大部分报道的数据都是在实验室测试条件下获得的，如果将这些数据直接认为是成品电池的数据是不合理的。

目前，“充电几分钟，续航 1000 公里”的报道不止上述一例，这些眼花缭乱的数据，虽然赚足了“眼球”，但是往往都有夸大性能的嫌疑，一次又一次地消耗大家的公信力，对石墨烯产业的发展极为不利。

执笔人
杨全红

92

石墨烯在电池中究竟起什么作用？

执笔人
杨全红

“石墨烯电池”的叫法虽不科学，但石墨烯却着实有望提升现有电池的性能。电动汽车的快速发展、5G时代的到来，人们迫切需要充放电快速、导热散热性能好、能量密度高的电池，而石墨烯在这些方面的作用日渐凸显。

由于锂离子电池大部分的正极材料导电性较差，因此需要添加大量的碳基导电剂，但大量非活性、轻组分的导电剂会降低电池能量密度。将石墨烯用作锂离子电池导电剂，可以构建“至柔、至薄、至密”的导电网络，大幅降低碳导电剂用量，显著提高电池的体积能量密度和充放电性能，也就是说在同样的空间内可以存储更多的能量，提高手机和电动车等的续航能力。此外，石墨烯良好的柔性和机械性能也可以构建柔性的骨架或缓冲空间，突破硅、锡等高容量负极材料稳定性差的瓶颈，提升电池的能量密度，这也是目前研究中重要的发展方向。因此，添加石墨烯的

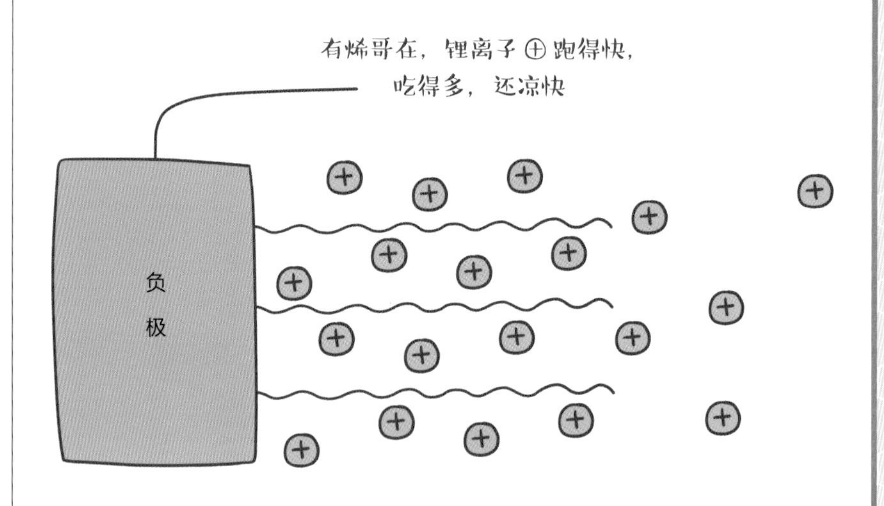

“石墨烯基电池”或将有望大幅度提升电池的充放电速率或能量密度。

现在手机、可穿戴设备体积越来越小，如何在有限的空间内存储尽可能多的能量，也就是需要电池具有更高的体积能量密度，这是提高这些设备续航时间的关键。碳材料是锂离子电池中常用的负极材料，石墨烯可以作为基本结构单元构建具有不同结构和性质的碳材料，改善锂离子电池的性能。利用石墨烯构建具有致密结构的碳材料，就像将膨化食品转化为压缩饼干，通过提高碳材料的密度使得单位体积内的储能容量大幅增加，这是提高体积能量密度的有效解决方法。

此外，电池在快速充放电过程中会产生大量的热，由于石墨烯具有良好的导热性质，可以将其作为散热材料与电池进行集成设计，进而提高电池的稳定性和安全性。

93

石墨烯能用在太阳能电池上吗？

太阳能电池吸收太阳光产生电流，实现从光到电的转换，是可再生能源利用的重要途径。太阳能电池根据吸收太阳光材料的不同可分为晶硅、薄膜、染料敏化、有机以及钙钛矿等几类。尽管光吸收材料不同，电池结构大体可分为三层，中间吸收层负责吸收光进而产生导电的载流子，上下两层（电子与空穴导电层）负责将载流子导出产生电流。科学家们尝试利用石墨烯的超薄、透明与高导电性，将其运用到电子导电层中，不仅可以降低电池制造成本使电池变得更薄，而且与传统导电玻璃相比，石墨烯可弯曲，是制备柔性太阳能电池的理想材料。人们还尝试在空穴导电层中加入氧化石墨烯，通过控制氧化程度以提高空穴导电层从吸收层中抽取载流子的能力，进而提高太阳能转换效率。

当前，充分利用石墨烯的透明、超薄、高导电、可弯曲以及可控氧化与修饰等性能，发挥其在太阳能电池中的应用潜力，需要对石墨烯制备过程中的缺陷与污染物进行有效控制，解决电池制作过程中石墨烯与器件材料的有效复合与掺杂等工艺问题。

执笔人
尹万健

94 某知名手机企业的石墨烯电池是怎么回事？

从 Mate8 到 P40，某知名手机企业（以下简称“该企业”）的“石墨烯电池”概念从 2015 年起就成为媒体和资本市场炒作的热点，每年都要经历从“热搜”到“辟谣”的起起落落，还未有终了的架势。快充和长续航是目前手机和消费类电子产品中电池发展的主流方向，从上面的问题可知，所谓的“石墨烯电池”恰恰在解决上述这两个问题上具有得天独厚的优势，这也是“石墨烯电池”的每次出场都会成为“热搜”的主要原因。然而，从该企业官方网站可以找到的最早关于石墨烯电池的报道是 2016 年 12 月，其描述是“采用新型材料石墨烯，可实现锂离子电池与环境间的高效散热。高温环境下的充放电测试表明，同等工作参数下，该石墨烯基高温锂离子电池的温升比普通锂离子电池降低 5 ℃”。在 P40 的宣传中，对石墨烯的介绍是“搭载 3D 石墨烯液冷散热系统，3D 石墨烯散热膜全面贴合主板”。从上述这些信息可知，该企业采用石墨烯主要解决的是电池的导热和散热问题。换言之，该企业的石墨烯电池应该被称为石墨烯基电池更为恰当。

添加石墨烯的锂离子电池，可以称作石墨烯基电池，这已经不是什么新鲜概念了，在实验室的探究中也不断涌现出一些振奋人心的实验现象和成果。目前，石墨烯作为导电剂的应用技术已经趋于成熟，被多家动力电池厂商规模应用；而在其他应用方面，受制于制造加工、应用效能等技术和成本问题，距离产业化应用还有较大差距。

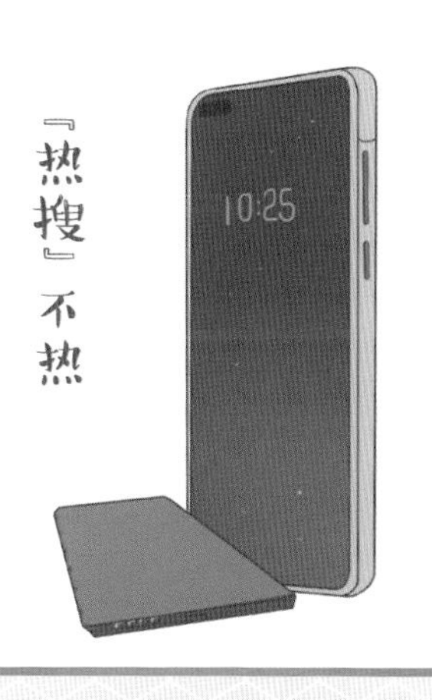

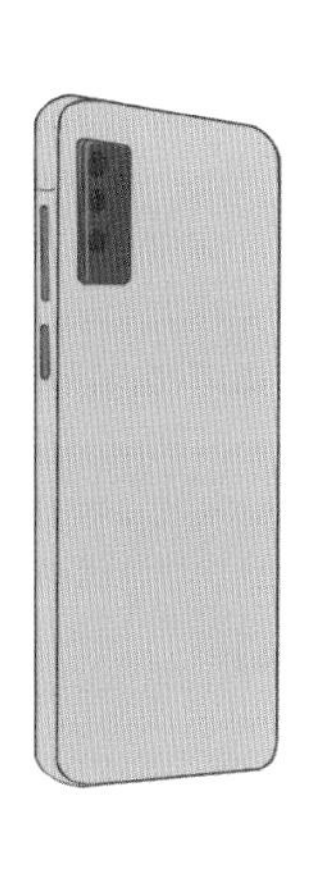

执笔人
杨全红

95

石墨烯超级电容器有前途吗？

目前商用超级电容器主要以双电层电容器为主，电极材料以活性炭为主。活性炭具有很大的比表面积（2000~3000 m^2/g），但其孔结构往往具有复杂、不联通且孔径分布不均等特点，导致比表面积利用率低、电解液中离子的传输和扩散受到限制，制约了超级电容器的能量密度和功率密度的提升。石墨烯同样具有大的比表面积，而且其表面完全开放，大大提升了比表面积的利用率，而且避免了复杂缓慢的离子扩散过程。因此，石墨烯在超高功率型超级电容器中具有显著优势。然而，在实际的生产工艺中，石墨烯的片层在应用中会严重团聚，从而导致比表面积损失，实际比电容远低于理论值，这是在实际应用中需要解决的关键问题。此外，石墨烯材料的密度（大多 $< 0.06\ g/cm^3$）远低于活性炭，与现有超级电容器的生产工艺匹配性差、电极上的石墨烯负载量低等问题，使得器件的能量密度大打折扣。因此基于石墨烯的超级电容器在实

执笔人
杨全红

际应用中还有很多技术瓶颈问题需要解决。

石墨烯用于超级电容器的最大优势其实在于其可组装化，作为碳的基本结构单元通过胶体化学方法可以构建高密度的多孔碳电极（1~1.6 g/cm^3），从而解决活性炭电极密度低（0.3~0.6 g/cm^3）、超级电容器体积能量密度低的难题。基于致密型石墨烯电极材料，可以获得体积能量密度接近铅酸电池的超级电容器。

近年来，越来越多的民用类电子设备正在向轻薄化、柔性化和可穿戴的方向发展，迫切需要开发与其高度兼容的柔性化储能器件。以石墨烯作为单元结构构建的一维石墨烯纤维、二维石墨烯薄膜和三维石墨烯网络等电极材料，具有良好的柔性和机械强度，既可作为柔性基底，又可作为高性能储能电极活性材料，在柔性化、可弯折、可拉伸的超级电容器中具有巨大应用潜力。

96

什么是烯铝集流体？与传统集流体相比有什么优势？

执笔人
杨　皓

烯铝集流体是利用低温（低于铝的熔点 660 ℃）生长技术，在通用的铝基集流体表面生长三维结构的石墨烯，而获得的性能增强型集流体，是北京大学刘忠范／彭海琳研究团队开发的新型集流体材料。现有铝基商业集流体，具有界面电阻高、有效接触面积小等不足，导致电池倍率性能差（快速充电容量低）、大电流工作时发热严重、充电电压高而放电电压低等问题。针对以上痛点研发的烯铝集流体，使用普通易得的铝箔，其表面复合了石墨烯功能层，融合了石墨烯优异的导电、柔性接触、高比表面积、抗腐蚀、化学稳定等性能。与现有商业集流体相比，烯铝集流体具有界面电阻小、接触面积大和阻隔腐蚀能力强等优异性能，以上几项性能都具有十倍以上的提高，有望在高倍率储能、动力电池领域获得广泛应用。

目前，新型烯铝集流体已经走出实验室进入产业化前期阶段，技术成熟度完成第四级，进入第五级。预测在未来 5~10 年，将陆续实现烯铝集流体在动力电池、超级电容器和高倍率锂离子电池等储能器件中的规模化应用。

97

石墨烯防腐涂料是怎么回事？应用前景如何？

石墨烯是由单层碳原子组成的六方蜂窝状二维材料，具有高强度、高硬度、良好的韧性和导电性以及优异的屏蔽性能等优点。在涂料中添加石墨烯粉体或石墨烯改性聚合物能显著增强涂层材料的防腐蚀性能，此类产品可简称为“石墨烯防腐涂料”。

石墨烯在片径很小（$< 20\ \mu m$）时仍然能够保持极大的径厚比，在涂料中添加少量的石墨烯就能形成有效搭接，形成较完整的屏蔽层，可以延缓腐蚀介质的渗透，大幅降低涂层氯离子渗透性。目前研究和实际应用表明，氧化石墨烯或其改性产物添加量约为0.5%（质量分数）时，涂层的氯离子渗透性即可下降50%，在工程案例中表现出优异的防腐蚀效果。片层结构相互搭接补强涂层，还可以避免由于涂层应力开裂而产生的微裂纹，进而提高涂层的防腐蚀能力和使用寿命。另一方面，利用石墨烯的高导电性，在锌粉涂料中加入很少量的石墨烯（质量分数$< 0.3\%$）时，涂层和锌粉就能形成导电网络，从而提高锌粉利用率，使整个涂层相对于钢铁成为“阳极”，可显著提高锌粉底漆的阴极保护性能。低用量不会加速钢铁基材的腐蚀，涂层在获得优异阴极保护性能的同时，可以大幅降低锌粉的用量，减少金属锌资源的消耗。石墨烯防腐涂料可用于各类设施、设备的防腐蚀保护，具有广阔的应用前景。

执笔人
王诗榕

98

石墨烯涂料能够除甲醛吗？

传统的除甲醛思路有两种。一种是分解转化原理，通过催化反应将甲醛分子降解为二氧化碳和水，如光催化剂；另一种是吸附原理，通过分子间作用力将甲醛分子固定在吸附质内外表面，比如常用的吸附炭包。涂料中引入石墨烯的目的是期待其有助于提高光催化效率或吸附能力。原理上讲，石墨烯的表面缺陷和官能团能够使吸附的甲醛分子更加牢固，避免材料吸附饱和后的自发热脱附，进而在一定程度上避免甲醛分子吸附后的二次逸散。现阶段，石墨烯并非完全替代传统的除甲醛材料，而是借助自身的独特理化性能，起到强化去除效果的作用。客观来讲，部分已市场化应用的吸附 / 分解甲醛材料，在相对密闭环境中确实可以较好地去除室内甲醛。但是，装修材料内所含甲醛的缓释周期长，在此过程中，吸附 / 分解甲醛材料存在不同程度的性能老化，甚至吸附的甲醛再次脱附逸散，进而造成二次污染的风险，所以通常是要定期更换的。至于石墨烯涂料能否覆盖甲醛的整个缓释周期，目前是值得关注的。对公众普遍关心的居住或办公等室内场所的甲醛问题，当前首选的办法是采用“无甲醛”装修，即从源头上扼杀甲醛构成的室内污染；其次是在既有条件下，保持室内空气流通，将室内缓释的甲醛浓度控制在人体健康可接受的安全浓度范围内。

执笔人
孙丹萍

99

石墨烯涂料能防电磁辐射吗？

随着电子元件和电子设备的普及，无处不在的电磁辐射经常困扰着人类的生活。传统的防电磁辐射介质是金属电磁屏蔽材料，通过利用金属优异的导电和导磁性能来实现防辐射。根据电磁屏蔽的机理，介质主要通过反射损耗、吸收损耗及多重反射损耗等方式实现电磁波的吸收和屏蔽，屏蔽效能为这三者之和。一般来说，当介质导电性能很好时，其反射损耗就会很高，反射损耗通常与介质的厚度无直接关系。石墨烯具有与金属相媲美的导电性能（电导率高达 10^8 S/m），根据平面波理论计算得出单层的屏蔽效能为 16.5 dB，也就是说一层碳原子就能屏蔽掉约 98% 的电磁辐射，足见其应用潜力和价值。然而，就实际应用而言，理想的电磁屏蔽介质还应对电磁波具有很强的吸收作用，这与其介电、磁损耗有关。单层石墨烯的介电和磁损耗是非常有限的，因此需要通过增加厚度或与其他电磁材料复合才能实现较高的屏蔽效能。不仅如此，将二维石墨烯平面构造成三维多孔结构，也能提高多重反射损耗，从而提高屏蔽效能。因此，在涂料中加入石墨烯能够起到一定的防电磁辐射作用。并且，其片状结构相互搭接形成导电网络，有利于提高多重反射损耗，满足高屏蔽性能的场景需求，尤其是 X 波段电磁屏蔽。显而易见的是，实际的电磁辐射防护性能与加入石墨烯的量密切相关。此外，石墨烯与传统材料相比，恰好能满足理想屏蔽材料“薄、轻、宽、高”的要求。目前石墨烯防辐射涂料作为战斗机隐形涂层和核电设施保护层已有报道，在民用防辐射建筑涂料等方面也发展得较快，经济和社会效益较为可观。

防辐射“砖家”有我在，世界更安全！

执笔人 陈 珂

100

石墨烯发热服是怎么回事？穿上它就不用穿羽绒服了吗？

石墨烯发热服是一种可以通过产生热量来御寒的服装，它通常使用电加热的方式，对石墨烯发热部件施加电压／电流来产生热量，其基本原理与我们日常所用的电热毯原理类似。石墨烯发热服的发热部件主要有石墨烯薄膜和石墨烯纤维两种类型。石墨烯薄膜成本低、制备简单，但透气性和柔韧性较差，不适用于长时间的穿着。石墨烯纤维相对来说成本较高，但其可与现有的衣服纺织技术无缝衔接，所制备的石墨烯发热服穿着舒适、透气性好，并且具有很好的耐水洗能力。

常见的石墨烯发热服需要与羽绒服或棉服配合使用，这是因为石墨烯发热部件发热时需要电池作为电源提供能量，将石墨烯发热服在羽绒服或棉服的内部贴身穿着，能够有效节省发热时的电能。虽然在寒冷天气可以只穿着石墨烯发热服外出，但此时石墨烯发热服直接暴露在寒冷环境中，所产生的热量会快速流失，为了维持体温，势必要增加电量的损耗。受限于供电电池的电量，石墨烯发热服的保暖效果只能维持较短的时间。

执笔人
崔　光

101

石墨烯能自发热吗？

石墨烯凭借其优异的热学、电学性能受到热管理系统行业的广泛关注。目前市面上出现大量的石墨烯“自发热地板”“电暖画”“发热衣”等产品，着实吸引着大众的眼球。那么，石墨烯是如何发热的呢？严格意义上讲，石墨烯无法自发产生大量热能，因此“自发热”的说法是不科学的。通常是在外加电场的作用下，像电热丝那样，石墨烯以焦耳热的形式向外辐射能量，产生对人体有益的远红外线，将电能转化为热能。市场上常见的石墨烯发热产品大多是基于这个原理制造的。

执笔人
陈　珂

102

在通电情况下，石墨烯能发出远红外光吗？如何保证这些光真正发挥作用呢？

石墨烯由碳元素而来，与自然界中多数碳材料一样，也会辐射远红外光（热辐射效应），甚至在通电情况下表现出更高的辐射效率。石墨烯固有的属性决定了它能够产生波长为 5~15 μm 范围内的远红外辐射能量。远红外线可以作为传热光波，要想真正发挥其作用，需要使被作用物体的吸收波段与远红外线波段相匹配，产生共振吸收。同时，在产品结构设计上，要确保石墨烯辐射源发出的远红外光能够有效抵达人体或物体。一般远红外线具有超强的穿透能力，不仅能够作用于物体表面，还可以将热量输送到物体内部。远红外光能够被人体有效吸收，还可穿透皮肤 3~5 mm，使深层肌肤温度上升，促进血液循环，能够起到一定的医疗保健作用。

执笔人
陈　珂

103

石墨烯发出『生命光波』的说法靠谱吗？

科学研究表明，太阳光中波长为 4~15 μm 的远红外光是动植物生存必不可少的“生命之光”，而石墨烯由于其自身特性在通电后可以辐射该波段的光波。从这个意义上讲，人们关于石墨烯可以发出“生命光波”的说法有一定道理。进一步探究生命体的远红外吸收原理就不难发现，生物组织细胞分子中化学键振动时，谐振波长大部分位于 4~15 μm 波段，与石墨烯辐射出的远红外线基本吻合，从而产生“共振吸收”。这将有助于激活细胞核酸蛋白质等生物分子功能，产生生理活化现象，不仅可以促进动植物的生长，还有助于提高人体的微循环和自我调节能力。目前石墨烯“生命光波”有关的医疗产品已被应用到强化血液循环、促进细胞组织代谢、美容护肤等领域，具有一定的市场发展前景。但是，也不能过度“神化”石墨烯的此类功能，更不能打着石墨烯产品的幌子招摇撞骗。

执笔人
陈　珂

104

市场上的石墨烯远红外理疗护腰靠谱吗？

简单来说，这无法从纯粹的科学角度回答。判断市场上的石墨烯远红外产品靠不靠谱，还需搞清楚该类产品中发热材料的组分、寿命和安全性等各种因素。正如前面相关问题所阐述的那样，石墨烯确实能够产生对人体健康有益的远红外光波，且与此相关的远红外理疗技术也较为成熟，但市场上售卖的各种石墨烯护腰产品质量参差不齐，标准制定和产品市场监督存在滞后现象，因此难免鱼目混珠。一个非常重要的问题是，此类产品中究竟放了多少石墨烯？甚至是否真正放了石墨烯？是石墨烯粉体还是石墨烯薄膜？或者是石墨烯纤维？考虑到成本和粉体分散等问题，如果石墨烯的含量很少的话，也不能过度期待产品的奇效。若材料使用和产品设计不当，甚至存在一定的安全隐患。因此，要想买到既可靠、又实用的石墨烯护腰，消费者还需要综合考虑诸多因素，不能盲目被“忽悠”。

执笔人
陈　珂

105

石墨烯面膜是怎么回事？真有神奇的功效吗？

面膜是涂敷于人体皮肤表面，经一段时间后揭离、擦洗或保留，起到集中护理作用的产品。现在市面上的石墨烯面膜基本都是湿纸巾型的。所谓湿纸巾型面膜一般由面膜基布和具有功效的液体成分组成，而石墨烯并不是出现在液体里，是在布上。实际上，市场上出现的石墨烯面膜主要采用由石墨烯改性纤维构成的无纺布作为基布，以此替代传统面膜布料。基于石墨烯优良的特性，这种面膜基布具有良好的力学强度、抑菌性和低温远红外辐射特性，适合用于面膜卫生用品。须指出的是，商品宣传常常有过度渲染的成分，有关石墨烯的作用也不能过度夸大。通常纤维基布中石墨烯的含量很低，石墨烯自身的特性也绝不会对透气性和吸水量提升有多大助益，而且在十几分钟的时间内期待石墨烯的众说纷纭的杀菌效果也不太靠谱。由此看来，石墨烯面膜基布可以用作面部护理液载体，要想达到保湿、美白、祛痘等皮肤护理相关的神奇功效，还要配合滋养皮肤的精华液来共同实现。

执笔人
陈　珂

106

石墨烯眼罩是干嘛用的？靠谱吗？

石墨烯眼罩与石墨烯发热服一样，是在普通眼罩内部添加了石墨烯的加热部件。其主要目的是利用石墨烯发热时产生的温度和远红外光来刺激眼部周围组织，从而实现一定的理疗功能，但目前尚无有力的数据表明石墨烯眼罩对任何的眼部疾病有治疗效果。虽然在正常情况下，对眼部进行温和的热敷能起到一定的缓解疲劳作用，但考虑到眼睛的特殊结构、各种病因的不同和不同人的体质差异以及控温安全性，还是要慎重使用，一切治疗手段须遵医嘱。

执笔人
崔　光

107

石墨烯电暖画是怎么回事？石墨烯起什么作用？

执笔人 崔 光

石墨烯电暖画是将装饰画与石墨烯电加热部件融合为一体的一种兼具装饰和电加热功能的生活用品。它通常是将石墨烯电加热片放置在装饰画的后方或者夹层中，通过施加电流/电压来实现电发热功能。石墨烯电暖画与我们生活中常用的电暖炉类似，但更加轻薄，并且原理上可以做成可弯曲的电加热产品。石墨烯在其中起到的是加热部件的作用，与电热毯中的电阻丝作用一样。

与传统电加热设备相比，石墨烯电暖画目前成本偏高，并且工作温度较低，因此倾向于作为一种额外的辅助加热方式来使用。需要指出的是，现阶段市场上的相关产品鱼目混珠，存在标准不统一、安全防护措施不到位和以次充好、使用短切碳纤维等廉价原料来代替石墨烯等各种情况，因此消费者购买时须谨慎。

108

石墨烯地暖真有很多优势吗？

执笔人
崔　光

首先我们要知道常用的电热地暖的几种类型：①金属电阻型；②碳纤维型；③石墨烯型。其中金属电阻型的地暖应用已久，有各种亚类型，但基本原理都是金属电阻在电流的作用下产生热量，其优点在于成本较低、制备简单，但缺点是其发热效率要低于碳材料的发热产品。碳纤维型电热地暖随着碳纤维国产化进程的加快在国内也逐渐普及起来，其主要原理是利用碳纤维代替金属电阻来实现发热，其发热效率与石墨烯型电热地暖类似，但制备和铺设有一定的技术要求，否则容易产生过热点。石墨烯型的电热地暖为近几年兴起的一种新型地暖，其主要形式是以石墨烯粉体为主要原料制备的石墨烯发热薄膜，制备相对简单，并且铺设便捷、发热效率高。但现今市场上的石墨烯电发热地暖产品繁多，质量参差不齐，其中不乏使用廉价导电炭黑粉、石墨粉甚至短切碳纤维来代替石墨烯的情况存在，因此消费者还须擦亮双眼，有选择地购买专业的石墨烯产品。

109

石墨烯电采暖真的更节能吗？

石墨烯电采暖设备主要基于焦耳热原理工作。石墨烯具有极高的热导率，可承受高达（0.2~1）$\times 10^8$ A/cm^2 的电流密度，比铜、钨、金、银等导体高出 1~2 个数量级（10^6 A/cm^2）。根据焦耳定律可知，与相同几何尺寸的金属发热体相比，石墨烯发热体在单位时间内可以获得最高的热辐射能量。因此，在同样的电输入功率下，石墨烯可以获得较高的电热辐射转换效率（可提高 30% 以上），且升温更加迅速、发热更加均匀。此外，若采用多层石墨烯结构，可获得优于铜、钨等金属的红外辐射率（0.9 以上），有助于进一步提高电热辐射转换效率。同时，石墨烯具有较高的抗氧化温度，相比极易氧化的金属电热丝其工作寿命更长。因此，单从这个意义上讲，石墨烯电采暖设备可以达到节能的效果。当然，就实际应用而言，电采暖设备的节能性还需通过评估石墨烯发热膜铺设方式、房屋地板及楼层的隔热性、采暖设备的工作电压和电流等多种因素进行综合考量。

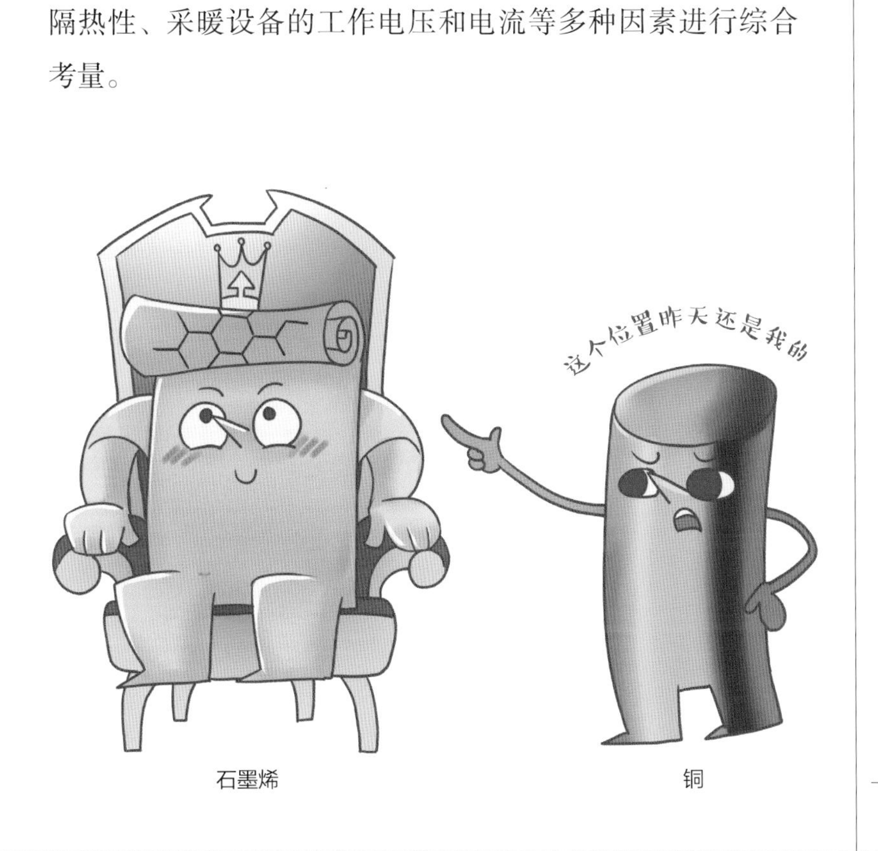

执笔人
陈　珂

110

石墨烯散热究竟是噱头还是黑科技？

执笔人
陈　珂

石墨烯具有极高的热导率，是目前为止导热性能最好的材料之一，远优于导热硅胶，且热辐射系数超过 0.95，因此石墨烯材料在导热、散热和电热等热管理领域大有可为。目前有很多手机、大型服务器的发热部件都尝试将石墨烯作为主要散热材料。一类是将石墨烯做成与纸差不多厚度的薄膜，直接覆盖在电池、主板、处理器等发热元件上面，达到导热散热的目的。另一类是将石墨烯粉体作为添加剂掺入导热橡胶中，改善基体的导热性能，有效提升现有散热产品的效能。然而，目前石墨烯导热应用领域最大的挑战是石墨烯与基板或导热基体之间的热耦合效率较低，导致从发热体到石墨烯的传热过程受阻，亟待研究者们解决这“最初一百米”的问题。只有真正发挥出石墨烯独特的性能优势，石墨烯散热技术才能成为名副其实的“黑科技”。

111 石墨烯能做触摸屏吗？前景如何？

触摸屏是我们天天使用的一种人机交互界面，我们只需用手指轻轻触碰一下触摸屏上的图符或文字就能进行对主机操作并使其显示相关信息。事实上，触摸屏已成为我们生活中的重要部分，我们使用的手机、平板电脑、ATM机等各种终端大都通过触摸屏来操作。从结构上讲，触摸屏就是在显示器屏幕上集成了一层具有传感功能的透明导电薄膜。石墨烯是目前已知最薄的材料，同时具有优异的透光与导电特性，因此可以用于触摸屏。早在2010年，韩国成均馆大学的研究人员与三星公司合作，制作出了首款石墨烯触摸屏。之后，国内外多个研究团队和公司相继制作出石墨烯触摸屏，开发出石墨烯触摸屏手机和平板电脑，实现了石墨烯触摸屏的规模化应用示范，这些事实说明石墨烯触摸屏具有广阔的应用前景。石墨烯触摸屏不仅至轻、至薄，而且柔软舒适、可弯折，因此在不久的将来，石墨烯触摸屏很有可能被广泛应用于可穿戴柔性电子产品中。

执笔人
杜金红
成会明

112

石墨烯能最终替代传统的ITO透明导电薄膜吗？

透明导电薄膜是一种既能导电又在可见光范围内具有高透光率的薄膜，目前是智能手机、笔记本电脑、有机发光显示器件等电子产品中不可或缺的材料。ITO是一种铟锡氧化物，具有良好的导电性与可见光透过性，目前占据了透明导电薄膜的主要市场。但ITO透明导电薄膜仍存在一些问题，包括化学性质不稳定、散热性能较差，不利于在大功率器件中应用；ITO具有脆性，不宜弯折，而且厚度较大，难以适应电子器件轻薄化、柔性化的发展趋势；金属铟为稀有金属，储量较小。正因如此，人们一直在寻找ITO的替代材料。

理论上，单层石墨烯的厚度仅为0.335 nm、可见光透过率高达97.7%，同时电导率与热导率极高，而且原材料丰富、化学性质稳定，特别是柔韧性好、可反复弯折，因此石墨烯替代ITO透明导电薄膜具有显著优势。2010年以来，科学家们通过化学气相沉积技术制备出大面积石墨烯薄膜，替代ITO被用于石墨烯触摸屏、有机太阳能电池、有机发光二极管等器件。但是，目前石墨烯的透明导电性和成本离ITO还有一定差距，故石墨烯尚未在商业意义上替代ITO。然而，柔韧性是石墨烯的独特优势，因此可预期石墨烯透明导电薄膜在未来柔性可穿戴电子产品中将获得广泛应用。

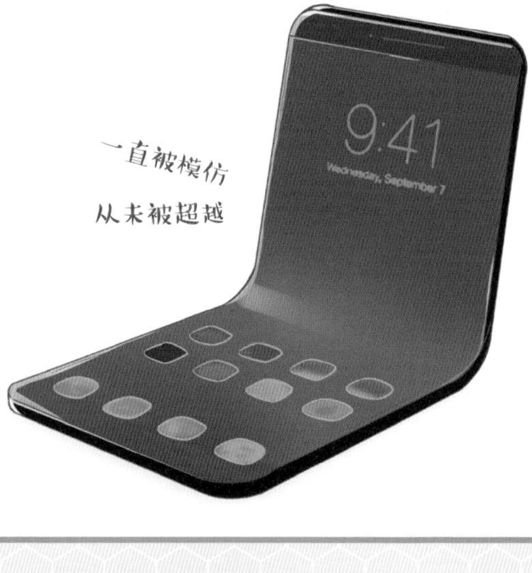

执笔人
杜金红
成会明

113

超级石墨烯玻璃有什么用途？

利用化学气相沉积方法直接将石墨烯薄膜生长在传统玻璃上，让古老的玻璃焕发青春，同时解决原子层厚度石墨烯的自支撑难题，这是超级石墨烯玻璃的魅力所在。超级石墨烯玻璃有着广阔的市场应用前景，其优异的透明、导电性能必将成为传统 ITO 透明导电玻璃的强有力竞争者。在不远的将来，用超级石墨烯玻璃制造的手机触摸屏、平板电脑将进入日常生活中。超级石墨烯玻璃还可以用于制备智能窗，利用电致变色材料、液晶材料的调光原理，通过调控电压实现控光、遮光效果。更为简单的应用场景是透明加热片，通上电后，即可实现高效电热转换。由于玻璃上的石墨烯是高温条件下生长出来的厚度可调控的连续薄膜，这种透明加热片的性能将远优于当前使用石墨烯粉体分散薄膜的电加热产品。美观大方的超级石墨烯玻璃透明加热片可用于电暖画等智能装饰品，以及防雾镜、车窗、冰箱视窗等场景。超级石墨烯玻璃在诸多光学器件上也展现了实用前景，利用石墨烯的宽光谱吸收特性，将透过率很低的石墨烯玻璃做成中性密度滤光片，作为长时曝光摄影滤光片使用。在光学透镜上生长一层石墨烯薄膜，再通过化学修饰嫁接上抗原、抗体等分子，即可变身为透明生物传感器和化学传感器。研究还发现，某些细胞的生长速度在超级石墨烯玻璃表面比在普通细胞培养皿中快一倍，因此有望成为新一代高效细胞培养皿材料。一个更为诱人的前景是，超级石墨烯玻璃透明天线将助力 5G 时代的大数据传输。

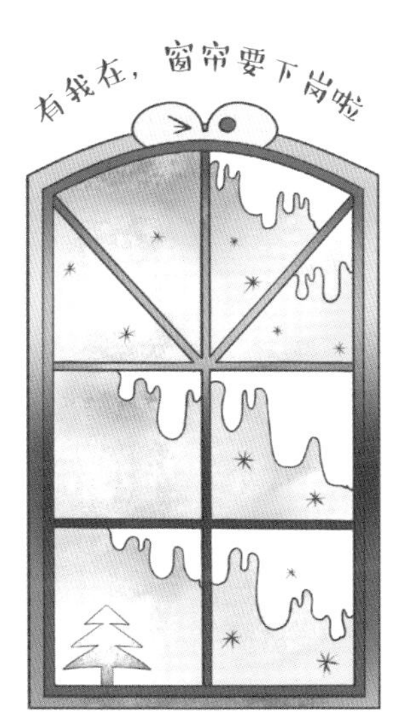

智能窗

执笔人
高 翾

114

石墨烯在手机上有哪些可能的应用前景？

执笔人
史浩飞

智能手机的迅速发展改变了人们的生活方式，手机制造厂商也特别关注新技术在其中的应用前景。石墨烯优异的性能在手机中有很多潜在应用，如石墨烯散热膜、触摸屏、电池、天线等。随着智能手机的性能越来越高，功耗增加带来的散热问题也越来越严重，利用石墨烯材料的高热导率作为散热膜，可带来优异的快速冷却性能，使手机整体性能大大提升。石墨烯触摸屏具有良好的高光学透过性和柔性，与传统的氧化铟锡（ITO）材料相比，不仅机械强度和柔韧性优良，而且制备过程环境友好、资源消耗量少。将石墨烯应用到锂离子电池中可以提升电池相关性能和循环寿命。石墨烯天线具有很好的化学惰性，抗弯曲能力强，与不同的衬底材料具有很好的兼容性。虽然大部分的技术尚处于开发阶段，但已经展示出了很好的应用潜力。

115

石墨烯导电油墨有什么优缺点？

随着印刷电子技术的发展，新型导电油墨在无线射频识别系统、智能包装、印制电路等领域中的应用受到广泛关注。导电油墨是将导电材料分散在联结料中制成的糊状油墨，具有一定程度的导电性，可作为印刷导电点或导电线路。目前，基于金、银、铜、碳材料的导电油墨已达到实用化，用于印刷电路、电极、电镀底层、键盘接点、印制电阻等。石墨烯导电油墨的导电性能优良，具备抗腐蚀性和抗氧化性，可以解决传统金属导电油墨成本高、抗氧化能力差等问题，其柔性好且工艺与喷墨打印方式兼容，在导电电极、射频识别、生物传感器等柔性电子领域具有独特优势。现有的氧化还原法和机械剥离法制备的石墨烯在稳定性和一致性方面还有待提升，在溶剂中的分散性和成膜均匀性方面还存在一定挑战，若能取得实质性的突破，石墨烯导电油墨将会成为极具应用潜力的印刷电子材料。

执笔人
史浩飞

116

石墨烯电子纸是怎么回事？

电子纸是一种超薄、超轻的显示屏，可以直观地理解为像纸一样薄、可擦写的显示器。可以想象，未来的书籍和报纸有可能摆脱“纸”质的存在。电子纸主要由电子墨水、透明导电膜和驱动电路组成，其透明导电薄膜普遍采用ITO材料（一种铟锡氧化物），这是一种无机材料，在大幅度弯折的时候容易出现裂缝，弯折的次数会受到限制。石墨烯电子纸是用石墨烯替代ITO作为透明导电膜的电子纸，其利用了石墨烯的透明导电特性和柔性。石墨烯材料的透光率高，将会使电子纸显示的亮度更好，同时能像纸张一样卷曲，适合应用于穿戴式电子设备和物联网等需要超柔性显示屏的领域。

执笔人
史浩飞

117

石墨烯口罩用了石墨烯的什么特性？有多大好处？

石墨烯口罩主要是利用了石墨烯的超大比表面积特性。比表面积是指单位质量或体积的物质所具有的总面积，简单理解就是组成一种材料的原子暴露于表面的越多，其比表面积通常就越大。对于单层石墨烯，所有的原子均暴露于表面，已经达到了其理论上的最大值（2630 m^2/g）。理论计算表明，石墨烯的表面吸附分子等小颗粒之后，至少需要国家标准要求的呼吸阻力的 200 万倍以上外加力才能将该颗粒移除，这种超高的吸附力可以将任何微小颗粒物牢牢地吸附在表面，从而实现防护口罩中对微小颗粒物的过滤。目前市场上的 N95 或 KN95 防护口罩的滤材几乎都是依靠静电吸附微小颗粒物实现防护，但人佩戴时呼吸的水汽会让静电消失，佩戴一两个小时后吸附效果就会显著下降，导致防护失效。而石墨烯作为口罩的核心滤材是借助石墨烯超大比表面积的优势来实现对微小颗粒物的吸附，不存在遇水汽失效问题，可以实现长时间有效防护，具防护效果级别达到了 2016 年民用口罩新标准规定的最高级别——A 级，防护效率可长期保持在 95% 以上。

执笔人
孙立涛

118

石墨烯口罩能预防新型冠状病毒吗？

答案是肯定的。石墨烯口罩非常适合于在含有新型冠状病毒等危险性非常高的环境里的防护。一般的 N95 或 KN95 防护口罩都有时效性，若在其有效防护时间（通常 1~2 小时）后不及时更换，佩戴者将面对极大的被感染风险。石墨烯口罩的防护作用长时间有效，可避免一线医护人员因一般 N95 或 KN95 口罩佩戴时间过长而失效被感染或在工作时更换口罩过程中被感染。

执笔人
孙立涛

119 将石墨烯加到香烟滤嘴里，可以做成安全无害香烟吗？

这个是有可能的，但难点是如何将石墨烯与烟嘴材料牢固结合以及如何控制过滤后的香烟口感仍然符合吸烟人的需求。研究表明，将石墨烯滤材与烟嘴结合起来的确能起到过滤烟气的作用，石墨烯滤材可有效吸附截留香烟燃烧后的灰渣和烟焦油。但是，由于大量物质被过滤掉，香烟的口感会受到一定影响。综合起来看，这是一个值得也需要进一步探索的应用方向。

铁杆烟民的期待

执笔人
孙立涛

120

石墨烯污水处理的应用前景如何？

污水处理是一个涉及多步骤的层级过程，包括沉淀、细菌、藻类、高分子及无机化合物等的去除，最终将污水转化为环境可接受的用水甚至是饮用水。石墨烯用于污水处理主要有两种方式：吸附和过滤。近年来，石墨烯和氧化石墨烯由于比表面积大、吸附性能强、水传输快、分离性能好等特点，在吸附和过滤材料这两大关键应用上被广泛研究，并取得了诸多进展。目前，实现其大规模推广应用，还有很多问题亟待解决，例如，材料的低成本制备、长期工作稳定性以及吸附／过滤过程的动力学和机理研究等。石墨烯材料在污水处理中有较好的应用潜力，但是能否大规模推广使用则是技术、成本和市场综合作用的结果。

执笔人
朱宏伟

121

污水处理用的是石墨烯还是氧化石墨烯？

执笔人
朱宏伟

同本征石墨烯相比，氧化石墨烯在污水处理中更具实用价值，其表面丰富的亲水性含氧官能团使其在污水处理中更有优势。氧化石墨烯和功能化修饰的氧化石墨烯结构中的官能团可作为吸附活性位点，与金属离子、带电染料分子之间产生络合作用，从而增加其吸附容量和吸附选择性。也有研究报道，在石墨烯薄膜上引入纳米孔，可得到石墨烯分离膜，但该过程加工成本高、操作困难，难以推广。相较于石墨烯，氧化石墨烯价廉易得，在水溶液中有良好的分散性，其成膜工艺简单，有望实现大面积制备。另外，在氧化石墨烯膜中，氧化石墨烯纳米片以平行方式堆叠成层状结构，水分子通过纳米片的层间孔隙快速传输，而水中的污染物被膜拦截，从而实现污水净化。

122

石墨烯能用作海水淡化膜吗？

结构完整的无缺陷石墨烯薄膜是不能用于海水淡化的，水分子和盐离子都不能进行跨膜传输。为了实现石墨烯海水脱盐，需要在其结构中可控地引入尺寸合适的纳米孔，使水分子通过膜而盐离子被截留。纳米孔的尺寸控制是关键所在，若孔过小，则水分子和盐离子都被截留；若孔过大，则水分子和盐离子都可通过。通过高能粒子束轰击、化学刻蚀等手段可在石墨烯中引入纳米孔，有实验证明纳米孔石墨烯可实现海水淡化，但仅限于小尺寸石墨烯，且操作困难、成本高，难以放大进行实际应用。通过石墨烯改性传统反渗透膜，可在保证水通量和脱盐率的前提下进一步降低成本，具有一定的应用前景。

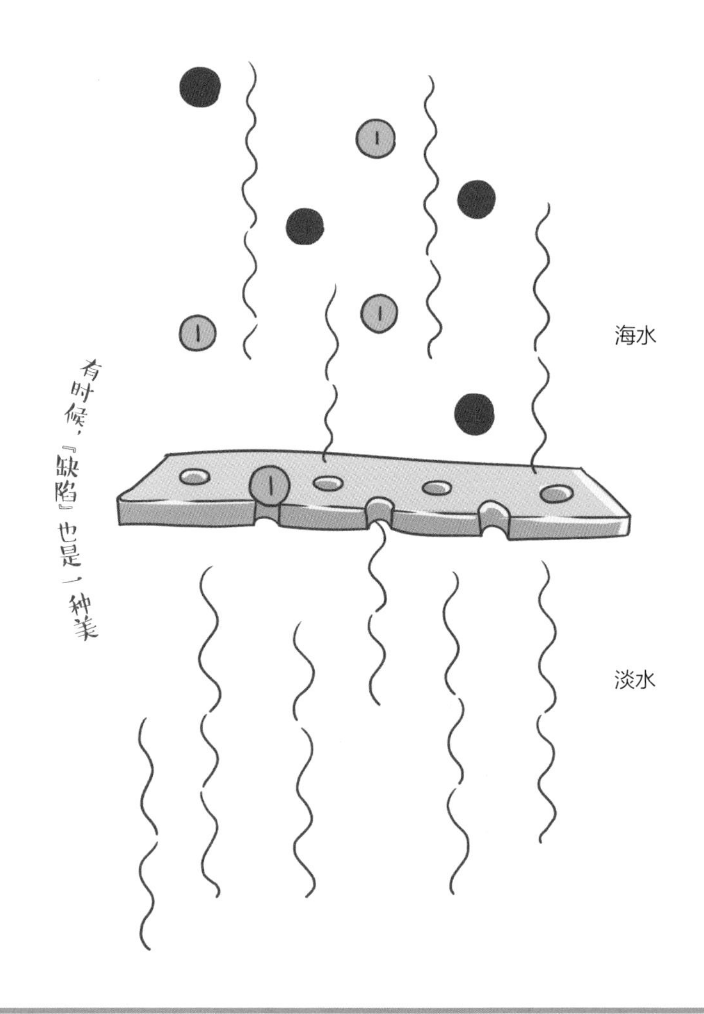

执笔人
朱宏伟

123

氧化石墨烯能用作海水淡化膜吗？

通过调控氧化石墨烯膜的层间距或电荷性质是可以将其用作海水淡化膜的。在利用氧化石墨烯膜进行海水脱盐的过程中，盐离子被截留的机理主要是尺寸筛分和静电排斥。因此，通过减小氧化石墨烯膜的层间距，调控膜与离子之间的相互作用，可以优化氧化石墨烯膜的脱盐效果。将氧化石墨烯膜还原是减小其层间距的有效途径，此外，阳离子、小分子交联也可以减小氧化石墨烯膜的层间距。通过氧化石墨烯纳米片的功能化修饰或在膜表面制备涂层，可实现其电荷性质的调控并增加膜的强度，优化海水淡化性能。

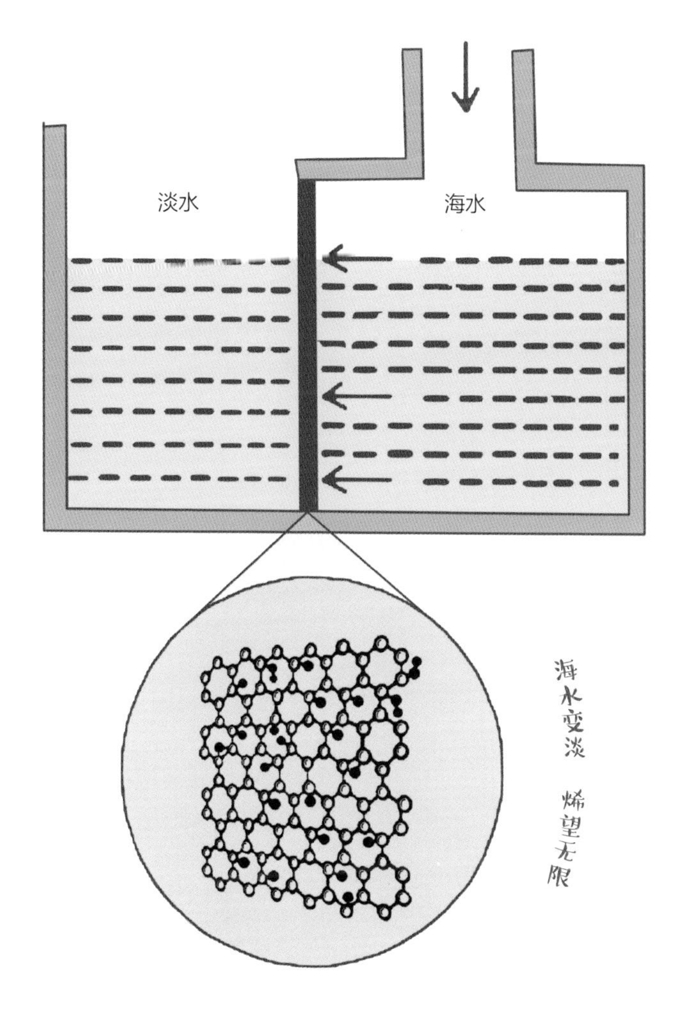

海水变淡　烯望无限

执笔人
朱宏伟

124

石墨烯润滑油是怎么回事？有那么神奇吗？

润滑油是一种可以使机械设备在运转过程中降低摩擦的润滑剂，由基础油和添加剂组成。而石墨烯润滑油是使用石墨烯或改性石墨烯作为添加剂的润滑油。传统润滑油润滑能力有限，为了提高润滑油的性能，通常会加入一些含硫、磷、氯的添加剂，但是这种添加剂的使用也给环境带来了较大危害。为了打造绿色高效的润滑剂产品，石墨烯便成为润滑油添加剂的理想选择。多层石墨烯层间存在较弱的范德瓦耳斯力，层与层之间可以自由滑动，因此，其润滑和抗磨性能非常优异。研究表明，当石墨烯层数为2~3层时，石墨烯表现出最佳的润滑性能，其摩擦力虽不可能为零但几乎为零。石墨烯润滑油能够将金属转动部件之间的摩擦转变为石墨烯片层间的滑动，同时还可以对金属表面不平整的凹坑进行填补修复，满足抗磨、减阻的双重需求，延长发动机使用寿命。同时，基于石墨烯的抗氧化性和抗挥发性，石墨烯润滑油还可以节省燃油、降低碳排放，有利于环保。值得注意的是，对于目前市场上出现的石墨烯润滑油产品，其相对传统润滑油的性能提升只是合乎常规科学道理，不能将其神化。

执笔人
陈　珂

125

石墨烯能做防弹衣吗？

严格意义上讲，石墨烯是不能做防弹衣的，只能说在防弹衣中有所应用。防弹衣是一种防止子弹或破片穿透、吸收其动能来保护人体的服装。现代的防弹衣往往采用软质织物和硬质装甲插板结合的方式，防护的机理相当复杂。简单地说，它的硬质部分通常是陶瓷片等材料，通过受击时自身破碎来大量吸收高速弹头的能量，随后软质部分通常采用高强度、高模量的合成纤维，例如凯夫拉纤维等通过特殊工艺来制作，作用是吸收碎片的能量，然后将其阻挡或包裹住，让其无法伤害到人体。石墨烯虽说理论上强度达到钢的200倍，但一方面目前大批量制备出的石墨烯无法达到这个性能，另一方面防弹衣不仅仅要求强度高，还有吸收能量、抗变形等许多要求，因此柔软的石墨烯必须搭配现有的其他材料形成复合材料，才能满足防弹衣的需求。目前，石墨烯在防弹衣中的应用主要是制造掺有少量石墨烯的装甲插板材料，它在实验室中表现出了较好的综合性能，但这种效果的成因也是非常复杂的，并不仅是因为石墨烯的强度高。

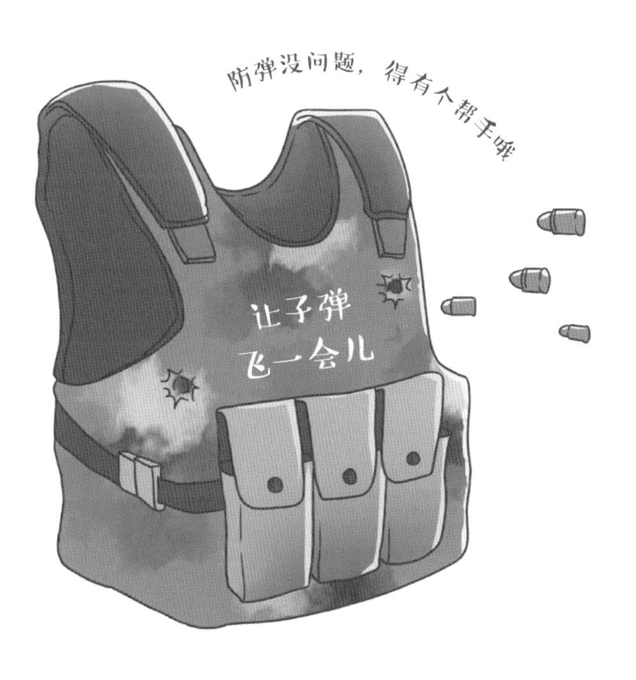

执笔人
杨　程

126

石墨烯轮胎是怎么回事？石墨烯究竟起什么作用？

执笔人
张立群

轮胎与纳米颗粒的结合已经有100余年的历史。没有纳米尺度的炭黑和白炭黑（纳米二氧化硅）对橡胶进行增强，就不会有今天的橡胶和轮胎工业。石墨烯的出现为轮胎高性能化又提供了无限的遐想和新材料动力源。从2011年起，有关石墨烯轮胎的报道开始见诸发明专利，例如某全球知名的轮胎制造商就申请了多项关于石墨烯胎面的专利。2015年，山东某轮胎公司联合相关高校成功研发近A级滚动阻力的石墨烯乘用车轮胎，并于2016年首次在国际学术期刊上报道。期间和随后，国内外多家大学和轮胎企业也发布了有关石墨烯轮胎的研发和生产的新闻。

理论上讲，石墨烯在轮胎中的作用主要有以下几点：（1）石墨烯具有比传统填料更高的增强效率，这意味着即使降低轮胎中的填料总用量，依然可以起到与传统轮胎同样甚至更好的效果；（2）石墨烯特殊的力学性质可以改变轮胎橡胶的黏弹性，改变轮胎的滚动阻力（降低油耗）和抗湿滑

性能（缩短湿滑路面的刹车距离）；（3）降低胎面的电阻，从而消除以白炭黑为主要增强填料的胎面在行驶过程中的静电累积，提高轮胎的行驶安全；（4）具有片层结构的石墨烯可以提高轮胎的耐磨性和耐切割性，从而延长轮胎使用寿命；（5）石墨烯片层可以大幅提高轮胎气密层的气体阻隔性，从而保证汽车的安全性并且节油。

尽管如此，石墨烯片层之间很强的相互作用导致其在高分子量高黏度特征的橡胶中分散极其困难，熔体复合、溶液复合、乳液复合、淤浆复合、原位聚合复合等方法和技术被大量研究探索。时至今日，石墨烯轮胎大规模制造面临的巨大挑战仍然是如何研发出稳定的、高性价比的纳米分散技术和界面调控技术，以使轮胎产生超越传统纳米颗粒增强轮胎的突出性能甚至革命性性能。目前，相关的基础研究和应用研发工作仍在不断推进中。

127

石墨烯在增强复合纤维领域有哪些应用？发展现状如何？

执笔人
焦 琨
张 锦

石墨烯在纤维领域的研究主要集中在力学性能改善和多元功能化织物两方面。因而其下游应用主要围绕防护领域和智能纺织品展开。目前实际量产的石墨烯复合纤维种类并不多，如已报道的用于防护服、防刺手套等防护领域产品的高强高模石墨烯复合超高分子量聚乙烯纤维；用于汽车研发阶段主承力部件的石墨烯碳纤维；用于远红外发热、抗紫外线、抗菌抑菌等医疗保健、智能可穿戴服装制品的石墨烯锦纶、石墨烯涤纶和石墨烯黏胶纤维等产品。中国是世界纺织大国，纤维常规品种的技术、规模都处于世界领先地位。但普遍存在同质化严重、产品结构性过剩等问题，石墨烯复合功能纤维的广泛推广和应用，将对我国纺织产业转型升级起到重要的推动作用。

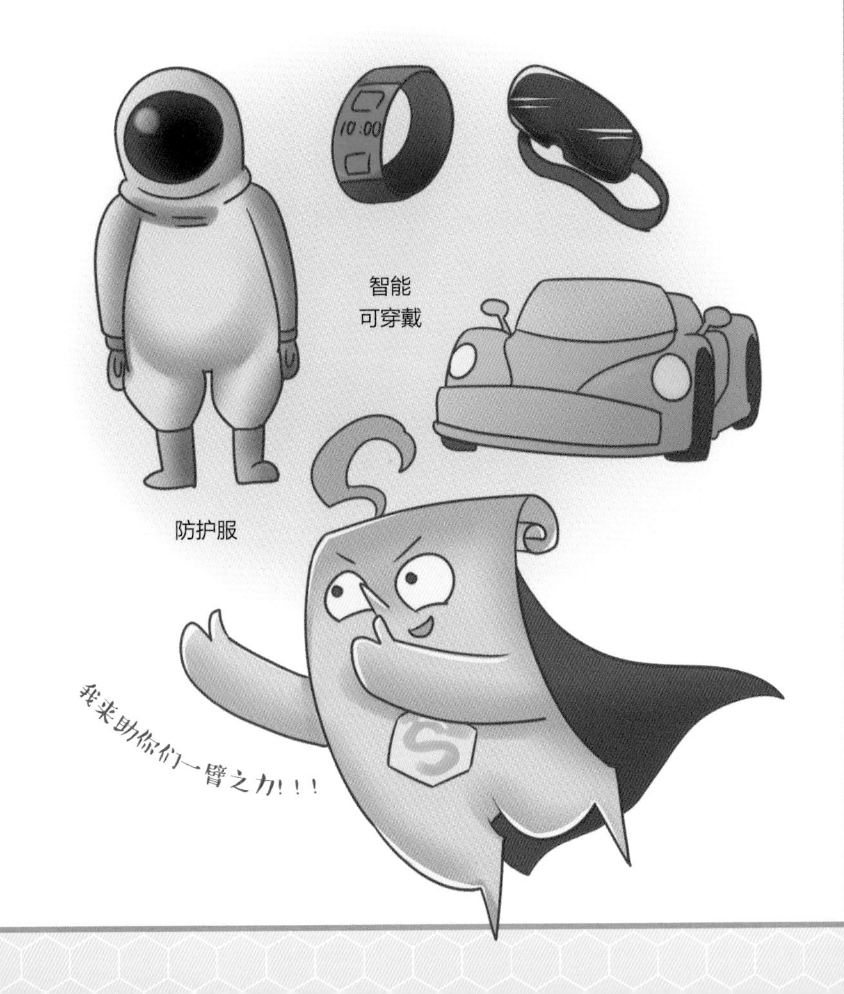

128

轻质高强的石墨烯材料能用作汽车车身吗？

石墨烯本身的厚度非常薄，目前的技术条件下还不能作为一种结构材料使用。但研究发现，如果将石墨烯添加进金属或树脂基复合材料中，由于复合效应的影响，有望开发出轻质、高强的实用复合材料。汽车工业的发展对材料的要求是越来越高的，结构材料必须能够承受碰撞，并且必须足够轻巧以确保燃油效率，因此，具备轻质、高强性能的石墨烯复合材料能够成为汽车车身的理想选择之一。国内外业已有许多汽车厂商开展了石墨烯复合材料相关的研发试验，少数公司如英国布里格斯（Briggs）汽车公司等展示的概念车型上已经出现了含石墨烯的车身。但由于价格、技术成熟度等多方面的原因，目前还没有哪家公司将石墨烯复合材料投入实际的应用。

执笔人
杨　程

129

蚕吃了石墨烯后吐出来的蚕丝强度会增加，这是真的吗？

2016 年，清华大学张莹莹课题组通过对桑蚕喂食石墨烯的方法成功制备出“超级蚕丝”，比天然蚕丝更结实、更耐用。天然蚕丝具有柔软的质感、舒适的手感，以及优良的力学性能，享有“纤维皇后”的美誉。而石墨烯拥有无与伦比的力学、电学和热学性能，被称为“新材料之王”。他们将喷涂有石墨烯的桑叶喂食桑蚕，等到桑蚕吐丝结茧时，摄入桑蚕体内的石墨烯会混合进入蚕丝中。研究表明，在受控的石墨烯添加量内，石墨烯的引入并未影响桑蚕的生长发育过程，存活率接近 100%。对喂食石墨烯后得到的蚕丝进行测试发现，这种石墨烯改性蚕丝具有更高的强度和断裂韧性，分别比天然蚕丝提高 58% 和 67%。经高温碳化处理后，因石墨烯的模板诱导作用，石墨烯改性蚕丝的石墨化程度更高，具有更加优异的导电性能。此外，将氧化石墨烯喂食桑蚕，也得到了力学性能增强的蚕丝。直接喂养法有望成为规模化制备高性能石墨烯改性蚕丝材料的新方法，此类新型石墨烯改性蚕丝在功能织物、医用材料等领域拥有广阔的实用前景。

执笔人
塞木强

130

烯合金是怎么回事？

严格意义上讲，“烯合金”是一类材料的俗称，并非一个科学准确的词汇，与“合金”也并没有直接的关系。这类材料的专业名称叫作“石墨烯增强金属基复合材料”，又分为铝基、铜基、钛基、镍基高温合金等许多子分类，它是将少量石墨烯的小片通过各种手段分散到金属的基材中所形成的一类新材料。虽然这种材料初看上去与合金类似，但实际上它们作用于基体金属使其性能改变的原理与合金并不相同：一类是石墨烯集中位于金属的晶畴边界等位置，通过防止裂缝、滑移等现象，提升金属的强度或韧性；另一类是石墨烯在基体中组织成网络状的结构，使金属的导电导热特性发生明显改变，这些变化本质上仍然是基于材料的复合效应。因此，比起简称“烯合金”，“石墨烯某某（金属名称）基复合材料”的说法在学术场合更为常见。

执笔人
杨　程

131

石墨烯内衣是噱头还是高科技？

石墨烯内衣是最近市场上炒得很火的石墨烯新产品，号称具有“暖宫”“抗菌抑菌”“吸湿排汗”“透气”“抗疲劳”“修复松弛”“抗紫外线”“抗静电”等诸多神奇的功能，甚至还能预防男性前列腺炎、女性宫颈炎和乳腺癌的作用，大有“一衣在手，包打天下”的气势。目前市场上此类产品广告很多，价格贵的上千元，便宜点的仅几十元。当然，如果真有这样的“神衣”存在，不论多贵，都会是“皇帝的女儿不愁嫁”的。顾名思义，石墨烯内衣应该是在纺织布料中含有石墨烯材料的贴身衣服。因尚无明确的产品标准，究竟放了多少石墨烯，甚至有没有真正的石墨烯也只有厂家心知肚明了。这里讨论两个极端的例子。一个是全部用石墨烯做的内衣，由于现阶段真正的石墨烯制备成本仍很高，这种石墨烯内衣肯定非常非常贵。更重要的是，因为完美的石墨烯是“绝对不透气和不透水”的，原理上也不可能吸湿排汗，想象一下穿一件全塑料内衣就会明白是怎么回事。另一个极端例子是在布料中掺入了极少量的石墨烯，据了解这是当前多数石墨烯服装产品的现实情况。这些石墨烯分散于布料底料的汪洋大海中，能够裸露在布料表面的石墨烯更是微乎其微了，怎么能够呈现出石墨烯自身的神奇功效呢？上述诸多“畅想”出来的功能常常需要石墨烯裸露在表面上（如抗菌除臭），或者足够的量甚至形成连续的膜（如抗静电、抗紫外线，电热服大健康产品），因此很难找到令人信服的科学依据来证明这种“神衣”的现实性。

执笔人
亓 月

132

石墨烯有杀菌功能吗？

目前的研究表明，石墨烯纳米片确实有一定的杀菌作用。第三军医大学研究团队发现，石墨烯纳米片对绿脓杆菌、大肠杆菌等十多种细菌具有相应的抵抗性，可以通过物理方式抑制细菌的生存。纳米级的石墨烯由于尺寸很小，约为细菌尺寸的千分之一，因此可以想象，其锋利的边缘会像一把箭一样刺入细菌中，或者直接被细菌吞入体内，从而影响细菌正常的生命活动，最终“杀死”细菌。除此之外，大量的石墨烯纳米片可以将细菌包围，达到一种“断其粮草”的效果，从而将细菌“饿死”。虽然，特殊的尺寸和结构设计可以赋予石墨烯一定的杀菌能力，但是该领域仍处于研究的初期阶段，对于石墨烯在实现杀菌目的的同时所引起的副作用仍有待进一步研究。

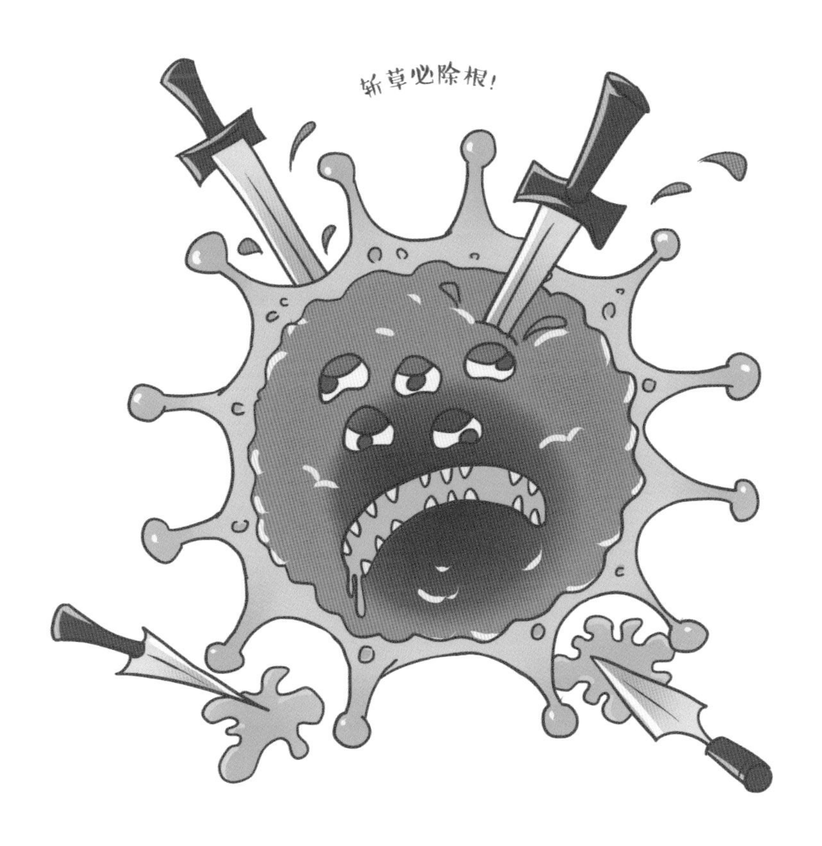

执笔人
亓　月

133

石墨烯有除臭功能吗？

石墨烯的除臭功能需要从不同角度进行分析。首先说一下除臭的基本原理，通常是将臭味源头散发出来的气味分子吸附到除臭剂（例如活性炭）的表面上。显而易见，表面积越大，气味分子与除臭剂表面的结合力越强，吸附除臭能力也就越强。理论上讲，石墨烯的比表面积非常大，可达 2630 m^2/g，而普通的活性炭只有 500~1500 m^2/g，从这个角度推测，石墨烯应该具有很强的吸附除臭能力。但是，现实情况中石墨烯粉体材料由于在制备过程中很难达到单层结构，而且石墨烯微片之间常常会发生堆叠，导致其比表面积与理论值相差甚远。另一方面，与活性炭相比，石墨烯表面并不存在非常丰富的活性官能团，因此其表面吸附能力也无法与活性炭相比。除此之外，结构完整的石墨烯既不透气，也不透水，吸水性也很差。综合上述原因，即便不考虑价格因素，石墨烯材料的除臭性能，尤其是除汗臭性能肯定不如传统的活性炭。

执笔人
亓　月

134

石墨烯染发剂靠谱吗？

目前市面上的染发剂可以分为两类。一类是永久性染发剂，使用前需要先用氨水或有机胺等打开头发外部的角质层，以保证对苯二胺、对氨基苯酚等着色剂能够扩散（需要 1~2 小时）到头发内部，使其变色。上述过程会对头发造成永久性损伤，也容易导致皮肤过敏甚至致癌。另一类是一次性染发剂，使用时只需将其喷涂到头发外表面。该过程对毛发的伤害较小，但由于着色剂与头发的作用力不强，染发一段时间后就会褪色。

有研究报道，将改性的石墨烯与壳聚糖相结合，分散在无毒无害的维生素 C 的胶体溶液中，即可制备出“石墨烯染发剂”。使用时只需通过简单快捷的一步喷涂法，就可以使石墨烯均匀包覆在毛发外部，而不需要打开头发外部的角质层。喷涂和干燥总用时不超过 10 分钟。石墨烯的比表面积大、柔性好，能够牢牢贴附在头发表面，使得石墨烯染发剂的耐久性可与永久性染发剂相媲美。与此同时，石墨烯染色后还可以减少头发的静电现象，甚至赋予其快速散热、防紫外辐照和抗菌等独特功能。据报道，现阶段石墨烯染发剂可以实现黄棕色到黑色的颜色调节。当然，石墨烯染发剂目前尚处于实验室研究阶段，很多说法是概念性的，是否真正有实用价值还需要进一步研究探索。

执笔人
张金灿

135

石墨烯首饰是怎么回事？真有实用价值吗？

提到首饰，人们首先会想到雍容华贵的金银饰品，或是光彩夺目的钻石戒指，抑或是温润洁白的玉石手镯。观赏性是首饰最为基本的要求，一般来讲，首饰要“好看”。无论是金银、钻石还是玉石，都是三维宏观体材料，可以通过对光的反射、折射和散射，带给人们不同的视觉感受。但石墨烯就不同了，它是由单层碳原子构成的二维纳米材料，其吸光度仅为2.3%，一束光照下来97.7%的光都透过了石墨烯，所以石墨烯是透明的，很难通过肉眼直接看到，自然也就谈不上“好看”。因此理论上石墨烯并不是制作首饰的理想材料，那么市面上宣传的石墨烯首饰究竟是怎么一回事儿呢？其实它是商家用石墨烯粉体制作成的普通工艺品。以石墨烯戒指为例，商家们将黑色的石墨烯粉体封装在石英、水晶等空腔中，或是像琥珀那样包裹在松香等有机物中，再放在戒托上就做成了石墨烯戒指。那么这些石墨烯首饰的价值如何呢？如果抛开加工工艺等因素只看石墨烯材料本身，很遗憾经济价值并不高。常言道“物以稀为贵”，目前中国石墨烯粉体的年产量已经超过2000吨，而一件石墨烯首饰所需的石墨烯粉体只要几毫克到几十毫克，所以石墨烯首饰最多是用于馈赠或收藏的纪念品而不是商品。

执笔人
贾开诚

136

石墨烯天线有什么优缺点？

天线是无线通信和数据传输的重要组件，通常由铜、铝、银等导电性较好的金属材料制作。石墨烯是电导率最高的新材料，且具有良好的透光性和可弯曲性，近年来在天线技术领域受到广泛关注。石墨烯天线的制作方法通常有两种，一种是直接打印石墨烯导电浆料于基底表面；另一种是将高质量石墨烯薄膜转移到基底表面。与金属天线的蚀刻工艺相比，石墨烯天线的制作过程更为简单环保。由于石墨烯具有宽光谱吸收和带隙可调特性，因此石墨烯天线可实现不同频段电磁波谱吸收，满足天线对多频谱的适用性。此外，柔性石墨烯材料可以使石墨烯天线更耐弯折，可作为可穿戴设备数据传输的关键部件，适应于不同形状的物体或者人体皮肤表面。因此，石墨烯在可调谐天线和柔性天线领域展现出传统金属天线材料难以匹敌的竞争力。但是，石墨烯天线的一个巨大挑战来自其导电性。尽管石墨烯具有极高的载流子迁移率，但载流子浓度很低，加之现实石墨烯材料的结构不完美性，使得单层石墨烯薄膜和石墨烯导电浆料的导电性很差，尚无法满足实际需求。

执笔人
魏　迪

137

石墨烯射频天线有什么用途？

射频技术经过近年来的发展，已经成为物联网感知层的重要组成部分。该技术具有非接触识别、抗干扰能力强、响应速度快、存储信息量大、使用寿命长及可多标签识别等特点，已被广泛应用于通信、身份识别、防伪、车辆管理、生产流水线管理、门禁管理、仓储管理及物流等领域。石墨烯射频天线不仅保留了传统射频天线的电磁性能，更因其独特的透光性和柔韧性，可实现射频天线柔性透明化。可以想象，将透明石墨烯天线集成于眼镜片表面，既不影响看东西，同时可将眼镜作为传感设备，用于监测环境温湿度、紫外线指数、空气质量等，实时反馈至智能终端。类似地，用户可以通过远程发送指令到载有柔性透明石墨烯天线的智能装饰镜上，实现房间调温、除雾、播放音乐等功能。将柔性透明石墨烯天线贴到汽车玻璃上，可以在不影响视线的同时，行经收费站时实现不停车缴费等。这样的车辆还可以被装有射频识别读取装置的路灯等设备识别，以实现定位的功能。实时、非侵入、透明并且兼具柔性的石墨烯射频天线有着广阔的应用前景，将给人类生活带来极大的便利。

执笔人
魏 迪

138 石墨烯电子标签是怎么回事？

电子标签又称射频标签，是射频识别（RFID）技术的载体，已在广阔的领域内得以应用。电子标签的结构简单，与传统形式的标签相比，信息容量更大，数据可随时读写更新及交换；与条形码相比，电子标签无须对准扫描识别，读写速度更快，同时可以对多目标和运动中的目标进行识别。石墨烯电子标签含有石墨烯射频天线，不仅性能更优，与芯片的匹配程度更好，读取距离更长，而且充分发挥了石墨烯材料优异的透光性、柔性和化学稳定性，在对抗物理形变、抗氧化抗腐蚀等方面具有优势。

一般情况下，RFID 读写器发出一个射频信号，这个信号被电子标签中的石墨烯射频天线捕捉，天线接收输入信号的一部分，并将包含芯片信息的信号反射回去，反射信号的振幅变化被读写器检测并接收，进而在读取设备上显示出含有芯片信息的对话框。超薄石墨烯柔性透明电子标签可以贴在玻璃窗、眼镜片等透明物体表面，也可以集成在柔软的衣物表面。

执笔人
魏　迪

139

石墨烯光纤是怎么回事?

光纤是一种比头发丝还细的玻璃纤维，也是互联网时代用来传输信息的最常见媒介，它以光缆的形式埋藏于地底甚至跨越海洋将千家万户相连，并因其超越传统电缆、比肩光速的巨大传输优势和超大实用规模于2009年获得诺贝尔物理学奖。紧接着第二年，石墨烯作为一种单原子层厚度的新型二维材料也因其卓越的力、热、光、电等性能荣获2010年诺贝尔物理学奖。于是人们不禁思索，是否有将这两种明星材料强强联合的可能性？为此科学家们进行了大量的研究探索，而最终得到的答案是非常积极的。

最初石墨烯光纤的制备方法就是简单地将高质量的石墨烯薄膜用手工的方法置于光纤表面，后来人们成功地利用化学气相沉积法在石英光纤表面直接高温生长石墨烯薄膜，北京大学刘忠范 / 刘开辉研究团队做了大量的开拓性工作。石墨烯光纤能够将光纤的波导效应和石墨烯的光电性质结合起来，进而极大地增强、调控光与物质的相互作用，赋予光纤全新的功能。已报道的石墨烯光纤器件主要有调制器、偏振器、激光器等全光纤器件，这些工作给近年来发展趋向饱和、前进脚步日渐沉缓的光纤通信领域注入了新活力，也为进一步提高通信速度和带宽、节约网络能耗等带来了新希望。

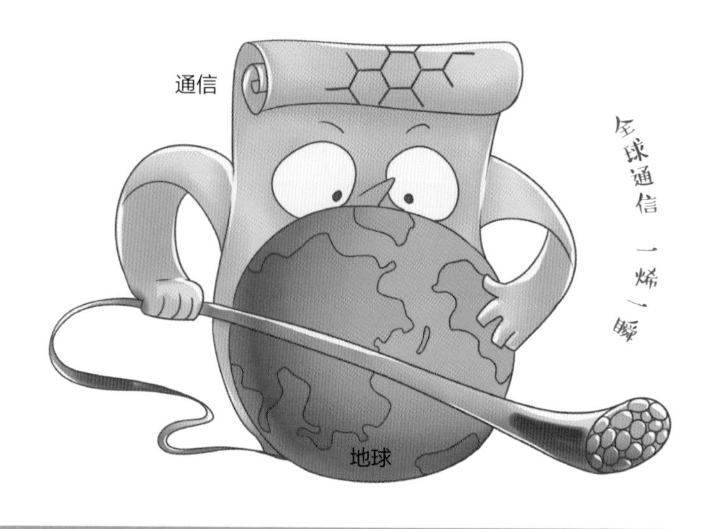

执笔人
刘开辉

140

石墨烯调制器有什么优越性？

石墨烯调制器可以将输入的电信号（或光信号）转换成01代码形式的光学数字信号，其原理是利用石墨烯吸光率的电光可调特性。石墨烯调制器具有非常宽的通信波长范围，覆盖了可见光到太赫兹，而传统调制器在不同波段需要使用不同的调制器，所以一个石墨烯调制器就可以适用全部通信波段。石墨烯的电子弛豫时间非常快（约0.2 fs），所以石墨烯理论上具有500 GHz的高调制速度，可制成高速调制器。石墨烯非常薄（约0.335 nm），理论上石墨烯调制器尺寸可以小到纳米量级，可以和现有的硅基光波导集成制成石墨烯-硅波导调制器，因而可以和光纤集成使用制成石墨烯光纤调制器，用在未来的全光集成系统中。此外，还可以利用光学调控石墨烯透光率，将石墨烯制成全光调制器，用于全光芯片和集成光路中。

执笔人
刘开辉

141

石墨烯光电探测器有什么神奇之处？

现在一般的手机摄像头都包含了一千万以上的像素，也就是说我们每一个人都随身携带了至少一千万个光电探测器！这些光电探测器将光信号转换为电信号，将各种颜色光的强弱关系呈现给我们。手机中的这些探测器都是基于硅材料的，硅能“看见”的颜色范围（光谱）正好与人眼能看见的颜色范围类似，都是红橙黄绿蓝靛紫。而石墨烯光电探测器除了可以“看见”上述颜色范围外，还可以“看见”人眼看不到的颜色，比如人和动物身体发射的中红外光。这是由于石墨烯具有特殊的能带结构，介于半导体和金属之间，是一种“半金属”，对光有宽光谱的吸收，因此石墨烯光电探测器可以在夜视仪、生物医学等领域发挥重要作用。石墨烯还有一个特点是可以直接与手机摄像头上的硅探测器结合，进而拓展手机摄像头对红外光的吸收，这样我们就可以借助手机看到人眼看不到的颜色。除此之外，由于石墨烯具有优良的电学特性，电子在石墨烯中整体移动速度非常快，因此石墨烯可以应用在超高速光电探测器中，有望提升光纤通信中信息传输的速度，使我们的网速更快。

执笔人
尹建波

142

石墨烯基因测序是怎么回事？

石墨烯不愧为材料中的“全能冠军”，不仅在化学、电子、能源、物理等诸多领域发挥作用，在生物医学领域也能找到用武之地，比如基因测序。基因测序指的是通过先进的科技手段，把人体DNA序列中的A、T、C、G四种碱基的序列读取出来，将人体的遗传信息进行解码，这样可以预测罹患各种疾病的可能性，锁定个人病变基因，提前预防和进行个性化治疗。当前一种新兴的基因测序技术叫纳米孔测序，它是指将溶液中的DNA分子在电场作用下以单分子形式通过一个只有几纳米的小孔时，A、T、C、G四种碱基给出相应不同的离子电流信号，从而实现对基因序列的测定。由于四种碱基之间只相距0.34 nm，所以探测用的材料越薄越好。只有单原子层厚度的石墨烯在这方面具有天然的优势，在石墨烯材料上加工出只有几纳米的纳米孔，可以大幅提高基因测序的空间分辨率。2010年前后，美国和荷兰的科学家先后报道了利用石墨烯纳米孔进行DNA基因测序的可能性，北京大学的科学家也在进行类似的尝试。相信在不远的将来，当科学家们克服了石墨烯纳米孔制备良品率较低和DNA在石墨烯纳米孔内吸附等难题后，石墨烯纳米孔基因测序的实用化指日可待。

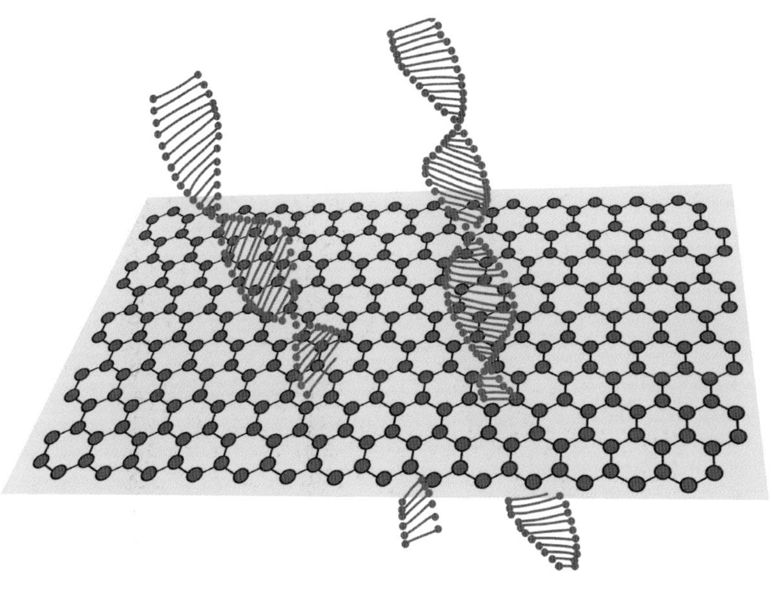

执笔人
赵　清

143

石墨烯电子皮肤是怎么回事？

电子皮肤是一代新型“电子产品”，它通过模拟人体皮肤来实现与环境的沟通交流，甚至某些特性和功能可以超越人体皮肤。与现阶段的电子产品不同，电子皮肤虽然处于“电子”系列，但为了更贴合皮肤的质感，电子皮肤的材料选择更多为柔软可弯曲的材料；对于类皮肤功能的实现，是通过在柔性衬底上集成相应的传感检测装置来模拟人体自身的生物组织，以实现对外界刺激的响应，例如压力、温度、湿度、电压、电流变化等。电子皮肤最被看好的应用领域是可穿戴医疗，以智能腕表、衣物、头盔等为代表，可以对人体脉搏、温度、血压、血糖、肌电、脑电等信息进行监测，为医疗健康、体育训练、军事作战等提供便利。

石墨烯因为具有优良的透光性、导电性、柔韧性、化学稳定性，是电子皮肤理想的材料。将石墨烯的优异性能与电子皮肤相结合可以实现其他电子元件材料不能实现的“皮肤”功能。例如“隐身”“无感”的石墨烯电生理检测电极用于智能衣物、神经电极，有望控制人体行为或大脑意识；而能感受超微压力和超快响应的石墨烯电子皮肤，期待控制假肢或机器人等。

对于电子皮肤的研究，人们希望可以达到人体皮肤的功能水平甚至超过人体皮肤，以实现对人体现阶段感知范围外信号的响应，比如微小压力甚至是光波、声波信号；或者赋予无感知物体一些智能行为，比如人造假肢、机器人等。石墨烯无疑会在电子皮肤领域发挥非常重要的作用。

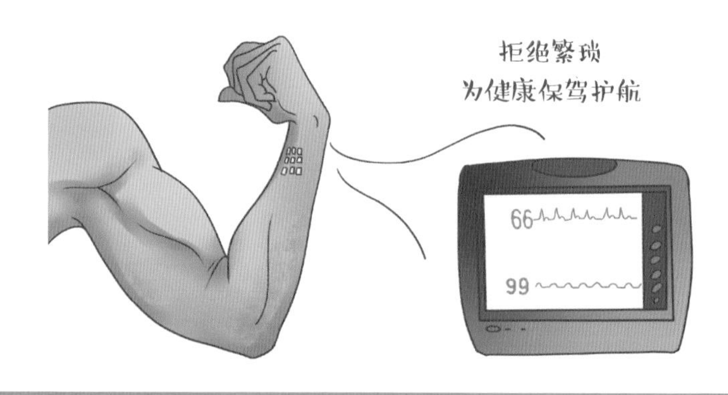

执笔人
刘　楠

144

石墨烯传感器有什么好处？

石墨烯作为当代的明星材料，具有优异的物理特性，展示出了对力、电、光、温度和气体等良好的传感性能，在传感领域占据了不可或缺的位置。作为传感材料，石墨烯常常以多种结构形式呈现，如透明的薄膜、可任意折叠的纸、导电织物、3D 泡沫结构以及导电弹性体等，不同结构的石墨烯传感器对应不同的应用场景。利用石墨烯材料极好的柔韧性，可构筑可弯折或拉伸的柔性传感器，应用于智能穿戴领域，实时收集压力、应变、温度等信息，实现对人的脉搏、发声、吞咽、呼吸、心率、手势、关节活动、运动状态以及体液中化学成分等情况的监测，在健康监测管理、人机交互、休闲娱乐以及机器人等领域大有可为。

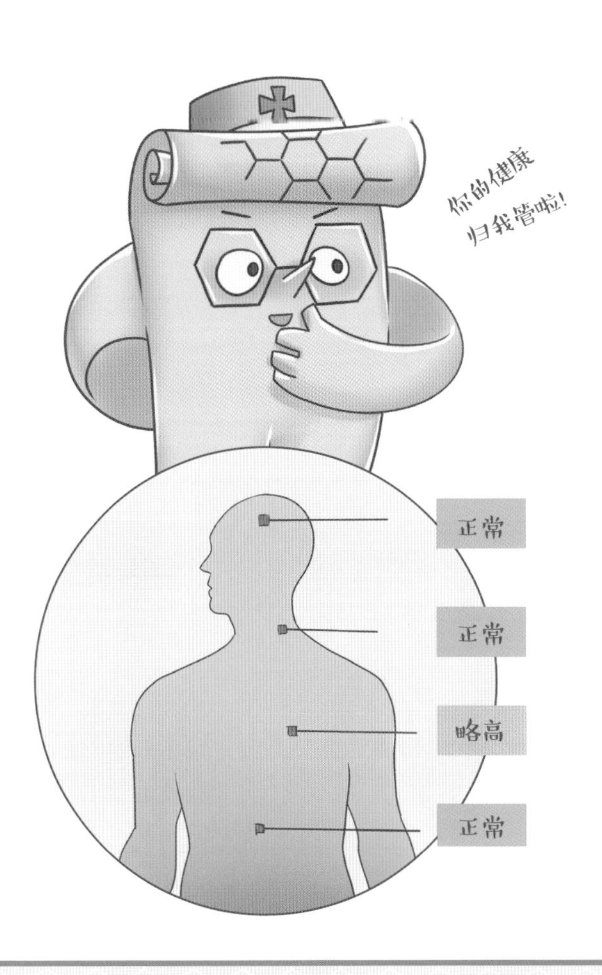

执笔人
魏　迪

145

石墨烯灯泡是怎么回事？石墨烯起什么作用？

执笔人
高　鹏
王若嵛

石墨烯灯泡是使用石墨烯作为涂料、发光层、缓冲层等照明光源的统称，工作原理不尽相同。英国曼彻斯特大学国家石墨烯研究院（NGI）的研究人员利用石墨烯作外层散热涂料，研制出了全新的石墨烯灯泡。据报道，这种灯泡能耗降低了10%，使用寿命也大大延长。美国哥伦比亚大学James Hone和韩国国立首尔大学Yun Daniel Park研究团队将石墨烯放置在二氧化硅/硅衬底上作为灯丝，通电后石墨烯经焦耳热效应加热到2000 ℃以上高温而发光，继而制备出世界上最薄的石墨烯灯泡。基于石墨烯的超高载流子迁移率和特殊的能带结构，曼彻斯特大学K. S. Novoselov研究团队将石墨烯和其他二维材料一层层叠起来，形成范德瓦耳斯异质结和发光量子阱，提高了LED发光强度，并降低了开启电压。此外，北京大学刘忠范/高鹏研究团队与中国科学院半导体研究所合作，用石墨烯作为外延生长缓冲层，研制成功发光效率更高、散热性能更好的蓝光、紫外、深紫外LED（发光二极管）器件。

146 石墨烯 LED 照明究竟有什么好处？

LED 具有体积小、寿命长、效率高、不存在汞等有害物质的优点，被称为新一代绿色环保型照明光源，有望取代传统的白炽灯和荧光灯，为人类照明光源带来新的革命。将石墨烯应用于 LED，可以带来诸多好处。首先是散热问题，石墨烯既可以添加到散热涂层中改善 LED 的散热效果，也可以作为外延缓冲层来改善量子阱衬底的散热性。散热能力的提高可以使 LED 在更大的功率下工作，拓展 LED 应用领域，也可以提高量子阱的发光效率，达到节能和延长寿命的效果。早在 2015 年，英国国家石墨烯研究院就在传统 LED 灯泡上涂覆石墨烯散热涂层，实现了降低能耗和寿命延长。2019 年，北京大学刘忠范 / 高鹏研究团队与中国科学院半导体研究所合作，利用垂直石墨烯结构增强散热、降低温度、减小应力，将光输出功率提高了 37%。此外，深紫外 LED 是具有广阔应用前景的深紫外光源，石墨烯的高电导和深紫外透明特点使其成为深紫外 LED 透明电极的最佳材料，有望解决此类器件发光效率低的难题。

执笔人
高 鹏

147

石墨烯能作电磁屏蔽材料吗？

电磁屏蔽是指防止某些电磁波传入或者传出特定的空间，以起到排除外来干扰、防止信息泄露、环境保护等作用。它的实现由两种机理共同作用，一种是将电磁波反射回去，另一种是将电磁波的能量吸收掉。常用的电磁屏蔽材料是金属薄层，因为金属具有很好的导电性，能反射大部分电磁波，并且电磁波也能在金属中形成电或磁的涡流，从而发生一定的能量衰减。石墨烯具有优异的导电性能，自然作为电磁屏蔽材料具有可行性。目前科学家们关注的主要问题包括：①利用石墨烯搭配其他材料，实现更好的电磁屏蔽效果；②扩展防护的电磁波频率范围；③将材料做得轻薄、柔韧，防护能力更强，甚至附加其他功能。石墨烯电磁屏蔽材料的大规模实用化“还在路上”，还需要进一步研究探索。

执笔人
杨　程

148 石墨烯太赫兹成像是怎么回事？

我们平常眼睛观察到的缤纷颜色，称为可见光，其实是频率在 600 THz 附近的电磁波。太赫兹光是频率在 1 THz 附近的电磁波，也可以认为是一种远红外光，它的频率和能量是可见光的六百分之一，这么低的能量给光电探测带来了很多挑战，也导致太赫兹波段一直未被开发利用。最近科学家们发现太赫兹波段有很多独特的用途，例如具有较好的穿透性，可以识别金属和一些高分子等，因此开始探索新型光电材料和新原理太赫兹探测技术。在这些新材料中，石墨烯具有诸多独特的优势，例如，石墨烯探测器有非常快的响应速度，对整个太赫兹波段都有响应。更为重要的是，石墨烯可以与硅基电路兼容，可以在现有的硅基阵列电路上发展石墨烯太赫兹探测阵列，实现低成本的太赫兹高像素成像。石墨烯在太赫兹探测上也有亟待解决的问题，相比于一些其他材料，石墨烯在吸光率上需要提高，目前已经可以通过设计吸收增强结构等手段初步解决这一问题，相信未来有希望使用石墨烯太赫兹成像，在机场更快速地识别金属物品、爆炸物等，以方便人们的出行；在生物医疗领域能够更快速地对生物组织进行成像，帮助医生做出诊断。

执笔人
尹建波

149

石墨烯 Wi-Fi 接收器是什么工作原理？

Wi-Fi 信号是频率在 3~5 GHz 的电磁波信号。我们利用 Wi-Fi 信号上网，实际上是使用手机或电脑中的 Wi-Fi 接收器分析电磁波信号所携带的信息。Wi-Fi 接收器是由捕捉、放大、滤波等一系列复杂的电路组成的，这些电路的基本单元之一是体积极小的晶体管。相比于一般的晶体管电路，这些晶体管电路更适合工作在 3~5 GHz 的高频波段。石墨烯具有非常奇特的电学特性，有超高的载流子迁移率，这意味着石墨烯中的电子在电场作用下迁移速度很快，而且受到的散射较少。因此，石墨烯晶体管在高频器件上具有优势。早在 2014 年，IBM 就在 0.6 mm^2 尺寸硅基底上制备出了基于石墨烯的 Wi-Fi 接收器，成功实现了对 Wi-Fi 信号的接收、滤波、放大、输出等操作。在目前的 3~5 GHz 波段，基于硅的传统接收器已经可以满足人们的需求，而石墨烯接收器的制备工艺相对复杂、造价较高，因此还不能替代基于硅的传统接收器。或许未来石墨烯可以与硅材料相结合，以混合电路的形式来提升接收器的带宽，在下一代更高频的 Wi-Fi 接收器上发挥优势。

石墨烯

执笔人
尹建波

150

石墨烯扬声器是什么原理？有实用前景吗？

扬声器接收到含有声音信息的电信号后，其内部电场或者磁场会产生相应的变化，这一变化会吸引或者排斥一层薄膜，引起薄膜往返振动，导致周围空气产生疏密变化，产生声波。可见，扬声器中的这一层薄膜——即振膜的品质很大程度上决定了扬声器的声音表现。石墨烯是具有单原子层厚度的薄膜，它的碳原子通过稳固的化学键连接，有很好的机械特性，其杨氏模量（描述石墨烯抵抗形变能力的一个参数）是钢的 100 倍！这一特征使石墨烯成为振膜的优质候选材料。与其他材料相比，石墨烯振膜具有以下特点：较小的质量密度，使得振膜更加轻量化；较小的弹性系数，提升了发声单元的频率范围；合适的阻尼因子，能够吸收其本身在振动过程中发出的杂波。美国加利福尼亚大学伯克利分校的研究人员将直径为 7 mm 的多层石墨烯薄膜置于两个硅电极之间，研制出了一种石墨烯静电力扬声器。当音频电信号加载到电极上时，静电场会发生变化，驱动石墨烯振膜振动产生声音。实验发现，石墨烯扬声器可以在整个声频频段产生出色的频率响应。考虑到目前原有塑料等振膜的规模生产能力和成本优势，石墨烯振膜的发展还需要解决标准化、规模化等问题。但好消息是，目前石墨烯的化学气相沉积制备技术已经得到了长足的发展，相信未来有希望在某些高端和特殊领域看到石墨烯扬声器产品。

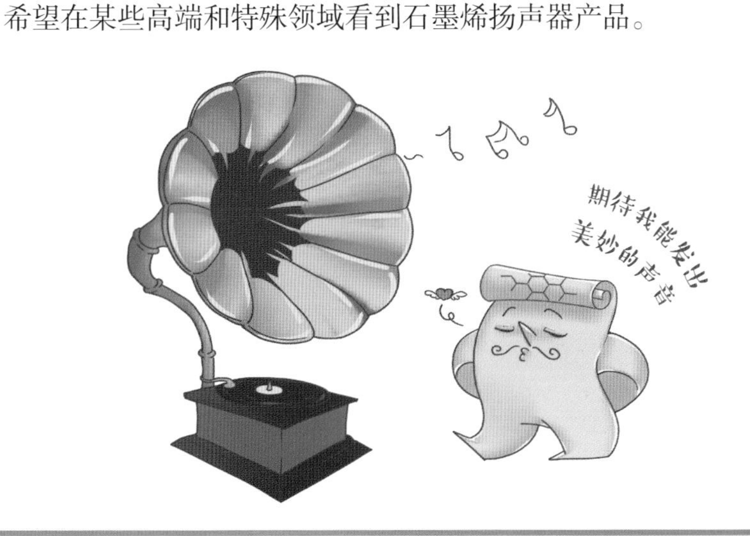

执笔人
尹建波

151

石墨烯耳机是什么工作原理？

耳机的工作原理与扬声器的工作原理相同，将携带声音信息的电信号转换成振膜的不同振动频率发声。相比于大型扬声器，耳机的振膜选择需要考虑小尺寸下的振动性质和稳定性，目前耳机振膜的材质有纸质、木制、塑料等。其中，塑料因成本较低、工艺简单，是市场上最常用的振膜材料。然而塑料振膜也有缺点，例如刚性较差等。将石墨烯材料运用到耳机发声单元的振膜中，能够减弱振膜的分割振动，降低失真效果，而且只需要很小的功率就可以驱动石墨烯振膜振动发声，降低了耳机的功耗。除此之外，石墨烯特别适合制备小体积的高质量宽带发声单元，使用石墨烯作振膜，有望大幅减小耳机的体积，使耳机更便携，舒适感更强。

执笔人
尹建波

152

石墨烯能作晶体管和集成电路吗？

石墨烯的载流子迁移率和饱和速度都很高，可以用来构建高速的晶体管，但是晶体管一般有两种应用，一种是只有“开”（1）和“关”（0）两种状态的数字集成电路，另一种是状态线性连续变化的模拟电路。石墨烯是一种半金属材料，虽然其费米能级可以被栅极电压所调控，形成载流子浓度的变化，但由于其在狄拉克点的剩余载流子浓度无法被彻底耗尽，因此制备出的晶体管无法被彻底关断，不适合作数字集成电路。对于AB堆叠的双层石墨烯而言，对其施加垂直方向电场可以打开高达300 meV的能带带隙，从而实现在关态下较低的电流，达到一定的开关比，有可能用作数字集成电路，但也需要考虑到集成应用中，额外的垂直电场控制带来的设计复杂性和实用性问题。因此，石墨烯晶体管最有优势的应用是模拟集成电路，响应速度快，且具备一定的电流增益与功率增益，有望作为射频放大器使用，实现工作频段更宽（大于90 GHz）的射频单片集成电路（MMIC）。

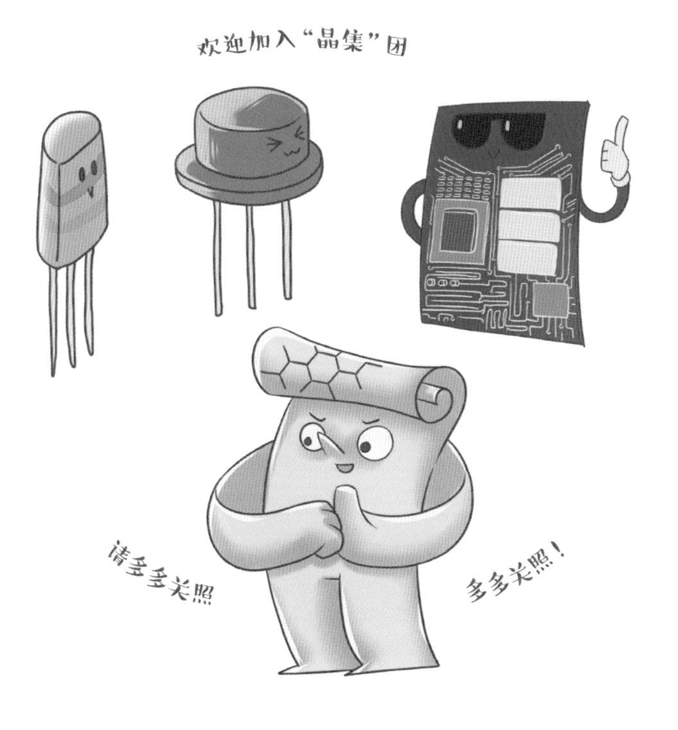

执笔人
张志勇

153

石墨烯柔性集成电路有实用前景吗？

执笔人
张志勇

首先，石墨烯在数字集成电路方面面临很大的挑战，性能优势并不明显。更有优势和可行性的应用在于模拟集成电路，也可以作为电极和传感器。石墨烯具有较好的柔性弯折特性，可以实现柔性射频集成电路和传感器，在物联网节点或具备生物兼容性的智能传感器应用中极具应用价值，实现感知、无线信号传输或能量收集。与其他柔性电子材料技术相比，石墨烯柔性器件不仅在性能上有优势，而且材料和器件加工技术更为成熟，因此具有很好的实用前景。

154

石墨烯能替代硅作超级计算机吗？

对于目前的超级计算机而言，主要特点是密集计算与海量数据处理，因此在存储深度、计算速度、并行处理及功耗限制等方面具有极高的要求，其器件基础还是来自高性能数字集成电路。石墨烯不属于半导体，因此其晶体管无法彻底关断，如果用来构建高性能、高集成度的数字电路，其功耗非常高，产生的热量很快会将自身烧毁。因此，在现有的技术架构下，石墨烯无法替代硅作超级计算机。但是，如果能够根据石墨烯的特点，扬长避短，发展新的信息处理器件，并采用新的计算模式，不排除石墨烯替代硅作下一代超级计算机的可能性。

执笔人
张志勇

V

有问必答：

石墨烯的魅力

第四部分

未来篇

155

石墨烯的『杀手锏』级用途是什么?

"杀手锏"级用途是指在某个应用领域具有不可替代的优势，这需要由用户对其性能、成本、制造过程、用户体验等做出综合考虑，经过长时间积累的实践检验才能形成。石墨烯作为性能优异的新兴材料，为很多应用带来了巨大的想象空间。然而，由于研究时间短，石墨烯的应用研究成熟度普遍偏低，目前大多处于原理验证的实验室阶段，还难以判断最终可以获得广泛应用的"杀手锏"级用途。从趋势上看，石墨烯有两种可能进入"杀手锏"级用途，一是与其他技术相结合，在达到相同或类似的性能条件下，大幅度降低制造的成本，使得原有的技术应用范围和辐射能力大幅提升；二是革命性地推动产品性能的进步，满足传统技术无法解决的需求，开拓出全新的应用领域和市场。这两种情况都需要建立在需求牵引与技术推动反复迭代的基础上，由行业发展的内生动力完成选择。

执笔人
史浩飞

156

石墨烯会不会替代硅成为下一代电子工业革命的核心材料？

石墨烯具有优异的电子学特征，被认为有潜力成为下一代电子工业革命的核心材料。然而，要真正取代当前主流的硅材料，需要具备以下条件：性能相比已有材料有大幅提升，成本大幅降低，器件加工技术足够成熟，芯片集成度极高，应用范围极广。以硅为例，经过半个多世纪的发展，其工程技术极为成熟，分工细致，如今在电子工业各主要行业均处于主导地位，而在信息技术高度集成化的今天，可以说牵一发而动全身，任何新材料想替代硅是极为困难甚至无法想象的，因为面对的是一个万亿美元的产业竞争。就石墨烯而言，虽然在某些重要电学性质上远远超越硅，但是如果强行按照硅基器件和集成电路的模式来发展，目前存在明显的应用短板，比如在逻辑芯片中功耗无法与硅相比，在存储器应用中也同样无法显示出优势。石墨烯要真正取代硅，必须超越传统架构，采用具有新型计算机制的新器件，比如基于自旋、拓扑、谷电子的器件。因此石墨烯在电子学应用方面目前还处在发展初期，具有一定的潜力，但面临巨大的挑战。

执笔人
张志勇

157

制约石墨烯产业发展的瓶颈是什么？

相较于许多传统材料而言，石墨烯的产业化进程不可谓不迅速，短短十余年间，已经从实验室走向了初步的商业应用。但与大众的热切期盼相比，近年来石墨烯产业发展似乎又陷入低潮，给人一种雷声大、雨点小的感觉。客观分析，制约石墨烯产业发展的瓶颈问题主要有两个。一是打通产业链上下游的难度大，石墨烯是位于产业链最上游的基础原材料，要实现终端应用，需要实现全产业链条的贯通，也就是要实现“料要成材，材要成器，器要好用”的贯通，这一过程时间周期长、涉及面广、投入巨大，只要有一个环节失利往往就容易导致全盘皆输。二是从产品向商品的跨越不易，新产品如果没有人“买单”就无法创造价值，产业也就无从谈起。石墨烯虽然被誉为新材料之王，其应用产品与成熟商品相比，在质量稳定性、性价比与精准对接需求等方面存在先天劣势，难以快速击中市场痛点，在激烈的商业竞争中仍显稚嫩。

执笔人
刘兆平

石墨烯产业发展遇到的瓶颈其实是任何新材料与新技术走向商业应用的必经之路，正如Gartner技术成熟度曲线所描绘的，经历过低谷之后才能看到最美的风景。我们相信，在各级政府的引导下，在石墨烯产业从业者的共同努力下和不断明晰的市场需求的牵引下，通过突破石墨烯制备与应用的共性关键技术，促进体现石墨烯材料独特功能特点的高值利用和变革型产品诞生，加强石墨烯应用技术和产品的市场推广，以及强化自主知识产权建设等举措，石墨烯产业终将迎来全社会所期待的繁荣景象。

158

石墨烯产业现在处于什么阶段？

石墨烯属于全新材料，其产业化技术不可能从天上掉下来，需要自掘井开源引流，联通科学、技术、工程和产品产学研“一条龙”，构建“料材器造控用”（即原料、材料、器件、制造、控制、应用）六要素生态系统。不同粮食有不同的味道，石墨烯结构不同，性能各异，应用有别，产业缤纷。化学气相沉积（CVD）法生长的石墨烯、机械剥离法得到的多层石墨烯、化学法制备的氧化石墨烯及其还原制品，因“烯”制宜，都可以打造出各自有特色和竞争力的产业链。在Gartner（高德纳）技术成熟度曲线上，石墨烯产业化已经历了技术萌芽期、期望膨胀期、泡沫破裂低谷期，大浪淘沙，进入了较理性的稳步爬升期，真正的产业化启航了。

石墨烯产业化健康可持续发展，可走“三生”模型路线，即伴生、共生、创生。伴生，就是石墨烯作为功能助剂或“工业味精”添加到高分子、陶瓷、金属等传统材料中，制备纳米复合材料，好比肉末杂酱面。其用量较少，但可提升产品性能，增强功能，拓宽用途，促进产业转型升级，如石墨烯功能复合纤维、防腐涂料、散热涂料、导电涂料、导电剂、导热胶、电磁屏蔽涂层等，现已突破分散技术，实现量产，进入市场推广阶段。共生，就是石墨烯作为材料主要成分，起到功能主体作用，好比西红柿炒鸡蛋，如电热膜、散热膜、打印电路、传感器等，现已进入产业化初期阶段，产品在市场上可见，但占有率还不大。创生，就是石墨烯作为材料支撑骨架，相较于传统竞品材料，有功能或性能颠覆性，起到决定性或“杀手锏”级作用，好比刺身大龙虾，如海水淡化膜、石墨烯纤维、柔性触摸屏、光电子芯片等，目前处于基础研究或技术研发阶段。经过“三生”阶段发展，石墨烯先从量变入市，飞入梅花总不见；过渡到高市场占有，飞入寻常百姓家；最终实现质变，飞入灯火阑珊处。

执笔人
高　超

159

石墨烯比碳纳米管更有产业化优势吗？

执笔人
任文才

石墨烯和碳纳米管是两种形状和性质不同的纳米碳材料，其产业化是否具有优势不仅取决于是否容易生产，更取决于是否具有不可替代的和性价比高的应用。尽管目前面向电子和光电子器件等高端应用的石墨烯和碳纳米管的精准控制制备都还存在很大的挑战，但是面向复合材料、电池等应用的石墨烯和碳纳米管的规模制备问题已基本解决，很多公司已具备吨级石墨烯和碳纳米管的生产能力，在旗鼓相当的应用效果的情况下，哪个材料更具产业化优势主要取决于成本的高低。

就石墨烯和碳纳米管两种材料的应用而言，因两者的形状和性质存在差异，其优势应用领域和产业化方向也不尽相同。从电学性质上讲，碳纳米管根据直径和手性不同，既可以是半导体性，也可以是金属性，而石墨烯具有半金属特性。在电子器件应用方面，半导体性碳纳米管可以作为沟道材料构建晶体管用于碳基集成电路，是后硅时代微电子技术的重要备选材料；石墨烯本身没有带隙，因而难

以在传统的逻辑开关晶体管方面获得应用，但其载流子迁移率高的特点使其在高频器件应用方面具有显著优势。此外，石墨烯在深紫外到太赫兹波段对光有很好的响应，因而可用于高性能光探测器件。

从形状上看，石墨烯是片状材料，类似于我们日常生活中常见的“布”，而碳纳米管类似于“线”。因此，对于宏观应用，薄膜是可以充分发挥石墨烯结构性能优势的材料形式，而纤维则是碳纳米管更有利的应用形式。目前已有手机制造商在其高端手机中使用石墨烯制成的散热膜，提高了手机性能和用户体验，而碳纳米管纤维在轻质高强应用领域则展示了很好的应用前景。虽然碳纳米管和石墨烯薄膜都可以作为透明电极用于触摸屏和显示等领域，但是石墨烯薄膜更为平整，而碳纳米管组装成的薄膜难以避免针状突起，容易造成器件击穿，因而不太适于OLED（有机发光二极管）等薄膜光电器件应用。

同样主要是由于形状的差异，石墨烯和碳纳米管在复合材料应用中的优势领域也不尽相同。例如在力学增强复合材料中，碳纳米管的线状结构对于提高材料的抗拉强度有利，而石墨烯的片状结构则主要用于提高材料的模量和硬度；在锂离子电池中作为导电添加剂使用时，碳纳米管构成网状导电通路，在提高电子电导的情况下不影响离子电导，从而使电池具有更低的内阻以及更好的快速充放电性能，而石墨烯虽然也可以提高电极材料的电子电导，但其片状结构会阻挡离子的扩散。当然，这种阻挡离子扩散的特性，却可以使石墨烯在重防腐领域发挥其作用。

综上所述，正如我们日常生活中使用的“布”和“线”，石墨烯和碳纳米管也有其各自的优势应用和产业化方向，只有把两者结合起来，我们的生活才能变得更加美好。

160

石墨烯离我们还有多远？

执笔人
刘云圻

作为新材料的翘楚之一，石墨烯受到很多人的关注。人们不仅关注这一新材料的现实用途，同时也关注着它的发展和未来。石墨烯刚被发现时，似乎是一个特例，但人们很快发现类似的二维材料广泛存在、品种多样，甚至突然间无处不在。这些新材料，可能过去、现在和未来一直在自然中这里或那里，广泛地存在于人们身边，而未被注意和发现。其实，它离我们并不遥远。大家所熟知的用于书写和绘画的铅笔的核心部分铅笔芯，其主要成分就是石墨。从原理上讲，通过铅笔芯在纸上的运动可以得到石墨烯，尽管概率比较低。在文学和艺术作品中，我们常常可以见到“薄如蝉翼”“小李飞刀”“寒冰片生死符”等表述，这些本质上就是对“类二维石墨烯”几何物体的描述。尽管我们很难想象高维度几何，但诸如此类的形象却深深地镌刻

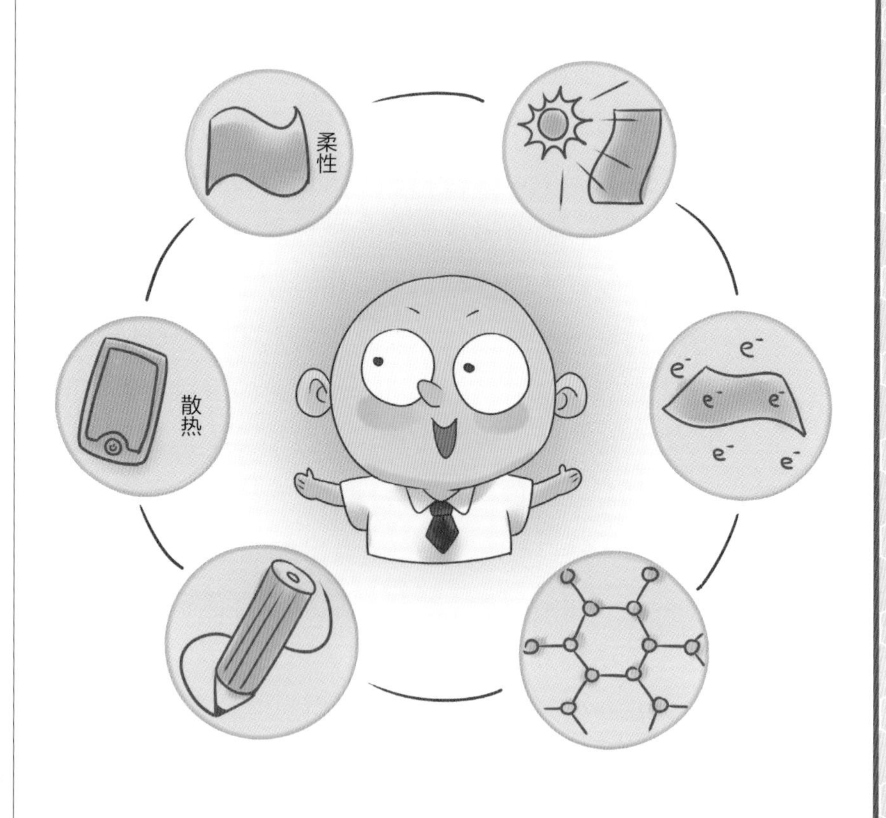

在人们的脑海中。千姿百态的物质形态，从日常所见的液体光滑表面、自组装的超薄肥皂泡以及半导体的场效应电导层、异质结的二维电子气等，也在一定程度上彰显出与石墨烯“形或神”的相似性。如果我们进一步理解石墨烯的电子能带结构特色，其实石墨烯的狄拉克锥与物质的各类拓扑态也有着千丝万缕的联系。这样看来，这些新材料的发现和发展可能是一个更加复杂的、统一的生态系统的一部分，其他部分还包括强有力的理论和实验技术的不断发展和发现等。

人们总是渴望更加便捷的生活，希望能实现所谓的“随心所欲”。尽管石墨烯性能卓越，如果将石墨烯在所有未来可能应用角度上“投影”，我们必然会发现它的许多“平凡”态。另一方面，这些投影也可能与石墨烯的柔性、透明、高导电性等性质高度契合，展现出其本征态的“杀手锏”级应用，实现材料和功能的共振。人们已经在石墨烯这张画布上着墨，但勾画的风景还远未完成。画的主题也许只有当画本身完成之后才见分晓。最古老、最直接的试错方式仍旧不断地提醒我们，未来也许就在当下。当下，其文化、学术和实用价值可能已经在我们身边。未来，需要想象力和求真务实互相融合。而未来的财富，更像是“非石墨烯，是名石墨烯”，丰富而多彩，绵延而不断。

161

石墨烯产业会成为『海市蜃楼』吗？

执笔人
成会明

石墨烯是目前已知的最薄、强度最高、导电导热性最好且比表面积最大、柔韧性最好的纳米材料，这是任何其他材料所不能及的，故石墨烯甫一出现即被认为在信息、能源、航空、航天、可穿戴电子及智慧健康等领域有着广阔的应用前景，包括但不限于新型动力电池、高效散热膜、透明触摸屏、超灵敏传感器、智能玻璃、高频晶体管、防弹衣、轻质高强航天材料及可穿戴设备等。但经过十多年的巨大投入和开发，虽然石墨烯已在锂离子电池、手机里获得了实际应用，但尚未有体现其巨大商业价值的“杀手锏”级应用出现，以至于有人怀疑石墨烯产业是不是“海市蜃楼”。众所周知，任何一种新材料要获得广泛应用都需要经过十余年、几十年乃至更长时间的研究和开发，石墨烯也不例外。但有理由相信石墨烯产业不会成为“海市蜃楼”——其在动力锂离子电池与高档小型便携式电子设备的商业应用便是有力的证明。我们相信经过政产金学研用的联手合作，石墨烯这一结构最为简单但性能最为优异的新材料必定会成为支撑物联网、人工智能、清洁能源、精准医疗、智慧社会等人类未来发展的神奇材料之一。

162 石墨烯产业的未来是什么？

石墨烯材料有三种可能的未来。第一种未来类似于碳纤维。半个世纪前，碳纤维只能作钓鱼竿和高尔夫球杆。但是现在它已经成为国防和航空航天领域不可或缺的材料。石墨烯能不能做到这一点呢？就是在某个特定的领域，有其不可替代的作用。如果我们真能够把石墨烯材料做到极致，无限接近其理想的性能，这种可能就会变成现实。可以想象一下，假如有一张石墨烯纸，导电性最好，导热性最好，强度是钢的200倍，且可折叠成任意形状，怎么可能找不到“杀手锏”级用途呢？第二种未来类似于大家所熟知的塑料。早在20世纪初，人们就发明了塑料，现在其已成为日常生活中不可或缺的材料，极大地便利了人类的生活。石墨烯有没有这种可能性呢？答案是它有这种潜质，因为它集众多优点于一身，迄今为止的研究已经初步证实了其广阔的应用前景。当然，这条路还很长，决不能盲目乐观。第三种未来类似于硅材料。硅是人类发现的最重要的材料之一，没有硅就没有集成电路，硅材料把人类带入了信息化时代。难以想象离开硅的生活会是什么样子，没有了手机，没有了电脑，这将是一场噩梦。作为新材料之王、集万千优点于一身的石墨烯应该也有这种潜质，让我们拭目以待。

执笔人
刘忠范

163

『石墨烯时代』能成为现实吗？

材料是人类文明和社会进步的阶梯。人类社会有史以来，经历了“石器时代”“青铜器时代”和“铁器时代”。每一个新的时代都是由于一种新材料的出现而催生的。“石器时代”始于距今二三百万年前、止于距今6000至4000年左右，对应人类从猿人经过漫长的历史、逐步进化为现代人的时期。“青铜器时代”大约从公元前4000年至公元初年，是以使用青铜器为标志的人类文明发展阶段。“铁器时代”是以能够冶铁和制造铁器为标志的人类文明新时代，最古老的出土冶炼铁器来自土耳其，距今4500年左右，钢铁依然是今天人类生活不可或缺的材料。进入20世纪以来，材料科学的迅猛发展给人类文明提供了琳琅满目的新材料，高分子材料、硅材料、碳纤维，乃至纳米材料，这些是其中的典型代表。在这些新材料中，硅材料占据着独一无二的位置，从20世纪50年代诞生第一个硅晶体管和集成电路以来，人类文明开始进入微电子时代和信息化社会。硅材料彻底改变了人类的物质生活和精神生活，因此如果一定要用材料来命名一个时代的话，当今或许可以称为“硅时代”，算起来也就六七十年的历史。那么石墨烯有没有可能成为一个时代的代名词呢？换句话说，未来有没有可能存在“石墨烯时代”呢？显而易见，我们不能简单地用几个石墨烯产品的实用化作为标志，甚至也不能用石墨烯产业的有无和大小作为标志，在已经形成产业的新材料中也有诸多竞争对手存在。我们期待石墨烯新材料的广泛应用能够像青铜器、铁器和硅材料那样，将人类文明带入一个崭新的时代。但是，我们需要足够的耐心去等待，因为那可能是遥远未来的事情。

执笔人
刘忠范

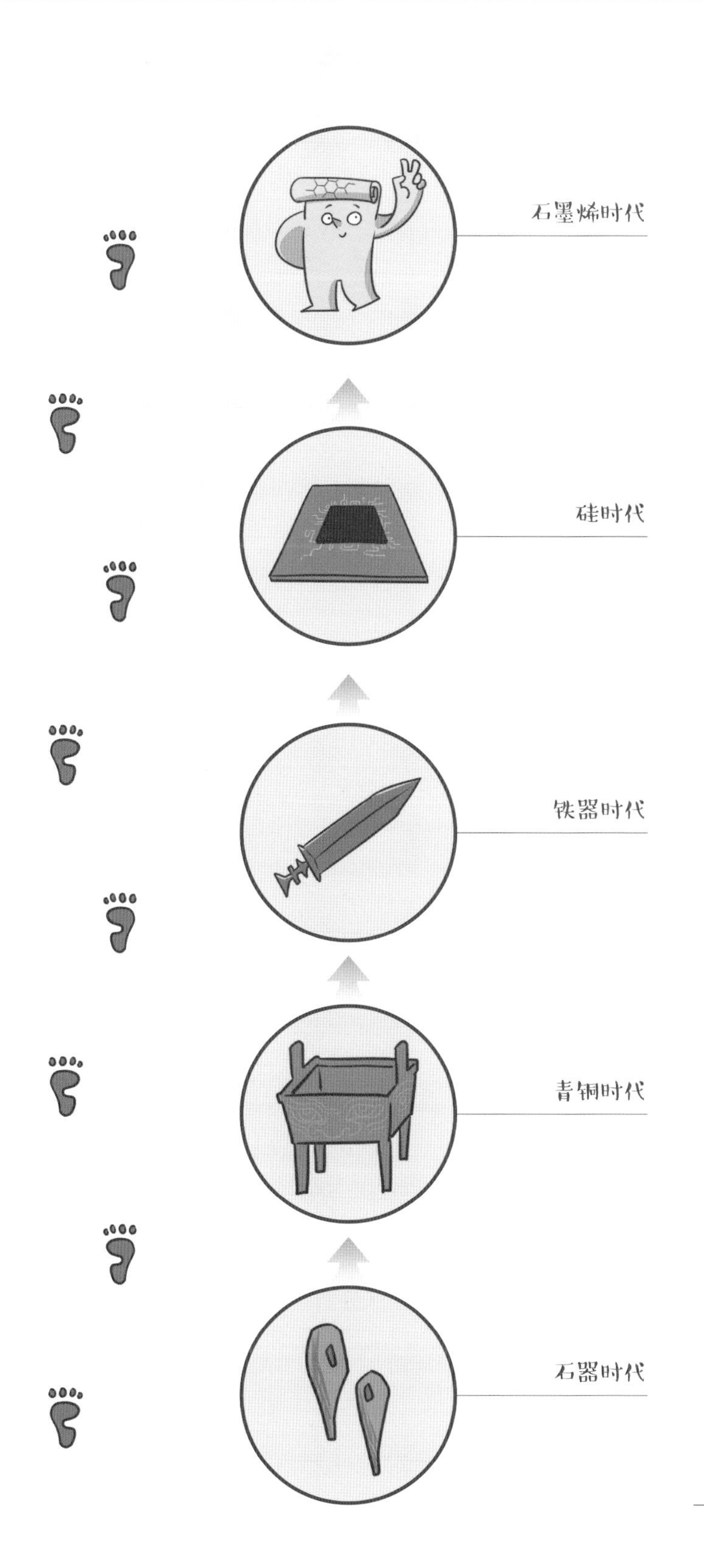
石墨烯时代
硅时代
铁器时代
青铜时代
石器时代

有问必答：石墨烯的魅力

图书在版编目(CIP)数据

有问必答 ：石墨烯的魅力 / 刘忠范等著 . -- 上海 ：
华东理工大学出版社，2021.10
(战略前沿新材料——石墨烯出版工程 / 刘忠范 总主编)
ISBN 978-7-5628-6352-6

Ⅰ．①有… Ⅱ．①刘… Ⅲ．①石墨－纳米材料－问题
解答 Ⅳ．① TB383-44

中国版本图书馆 CIP 数据核字 (2020) 第 238761 号

著　　者　刘忠范 等
插图设计　刘梦溪　孟艳芳
项目统筹　周永斌　马夫娇
责任编辑　马夫娇
整体设计　肖祥德
出版发行　华东理工大学出版社有限公司
地址：上海市梅陇路130号，200237
电话：(021)64250306
网址：www.ecustpress.cn
邮箱：zongbianban@ecustpress.cn
印　　刷　上海盛通时代印刷有限公司
开　　本　710mm × 1000mm　1/16
印　　张　13
字　　数　168千字
版　　次　2021年10月第1版
印　　次　2021年10月第1次
定　　价　168.00元